U0059987

大都會文化
METROPOLITAN CULTURE

大都會文化
METROPOLITAN CULTURE

鐵局

現代企業的江湖式生存

前言

在中國古代社會，有一個地方叫「江湖」。沒有人知道它確切的地理位置，但每個人都確信它的存在。這並不是古代人的夢中囈語。在今天，就在我們的周圍，也有一個「江湖」，只不過，它經過時代的包裝，變成了我們耳熟能詳的「市場」罷了。

古代江湖給我們的印象一直是你死我活的，爲了生存，每個人、每個團夥都用盡全身氣力以獲得比別人多活一天的勇氣來證明自己的價值。鏢局就是這樣一個團夥，確切地說，他們是一個以江湖方式生存的團隊。

他們並不神秘也不奇怪，但卻時刻要接受外來挑戰。他們用武術技藝來證明自己，用生命來保護他人所託付的財產。他們以本性裡的豪邁和俠義團結在一起，又以他們所奉行的行規來約束自己。他們絕對聽命於當家人；他們在路上艱難跋涉；他們一諾千金，將他人財產安全送達目的地。他們一向都是奮力向前，以獨有的江湖式方法來保證自己的生存。

鏢局的歷史已經二、三百年，他們之所以以團隊的狀態存在了這麼久，一個非常

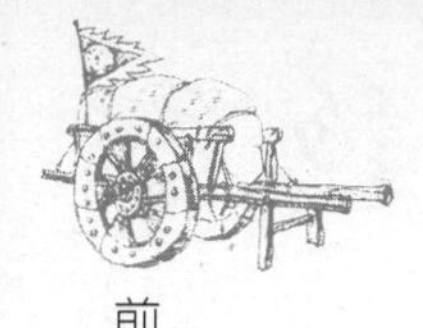

重要的原因是：他們選擇了正確的生存方式，並用自己的勇氣和武術技藝來支撐這種生存方式。

一個鏢局的成長過程是艱難的，他們不僅僅要經受外界的考驗，還要接受自己團隊內部的考驗。他們行走在走鏢路上，風餐露宿，刀不離身，眼觀六路，耳聽八方。他們靠的不過是自己的一身武功和當家人響亮的名號。他們用傳統的「鐵血同當衣食共用」的江湖規則來激勵自己，他們的制度是鐵血無情的，因為江湖不相信眼淚。

為了達到目的將鏢銀安全送達目的地，他們會在行規規定內採取任何方法。他們這樣做的目的只有一個：在江湖中生存下來。

現代企業自然也不例外，想要在市場中生存下來，就必須要有自己的生存方式。鏢局，無疑就是現代企業江湖式生存的楷模。

記得一部武俠片裡有這樣一句臺詞：「有人的地方就有江湖。」古往今來，「江湖」一直存在。現如今，像鏢局那樣江湖式生存的企業卻少之又少。這是因為，江湖式生存對任何一個企業來講，都有相當大的難度，並非輕易就能做到的。正因為如此，鏢局這一古老而又不落伍的團隊才在古代和今天顯得那麼珍貴。

目錄

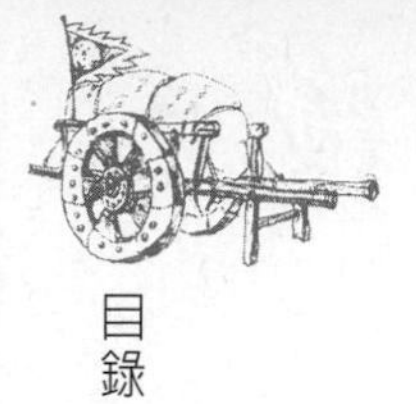

第二章 鏢師們的江湖式生存

員工的素質當然需要領導者來培養，但是，員工本人也應該具備在企業中生存下來的能力。古代鏢局中的鏢師們因為身處江湖，所以懂得「人在江湖漂，必要有好刀」的道理。他們除具備江湖所要求的非凡品質外，還對自己的保鏢生涯充滿熱情，他們一諾千金，百死不悔，他們可以護鏢上路，也可以看家護院，機動靈活，多項發展，所以，他們是那個時代最具備生存能力的優秀員工。

第三章

行規需要道上的朋友一起來維護

江湖有江湖的規矩，行業有行業的規矩，作為一個團隊的老大，你不僅要知道這些規矩，還要懂得如何運用這些規矩來為自己創造輝煌。當今企業的領導者應該明白，想要讓企業獲得最佳的生存狀態，就必須遵守這些規矩。但絕對不是被動的遵守，而是順應行規，讓行規反過來為自己服務。江湖不相信眼淚，市場也不相信，所以，掌好你的舵，按照行業規矩踏踏實實地走。

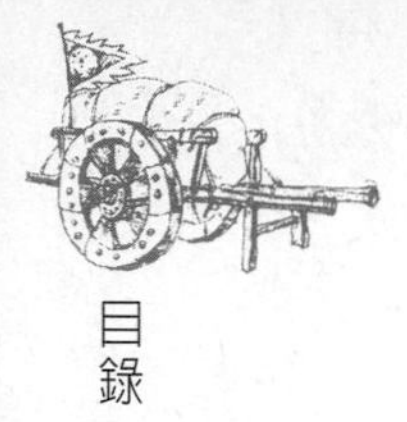

第四章 危機四伏的江湖路

企業一旦成立，就註定踏上了不歸路。沒有可以回頭的機會，也沒有停下來的餘地。只能奮勇向前，這不僅僅是為了證明你企業的存在，還在證明你的生存方式是對是錯。在鏢師們眼中，江湖路是走不盡的，除非你退出或者死亡。在這條危機四伏的路上，鏢局中人用智慧與力量行走在路上。他們不是想證明自己的偉大，只是想證實一下，自己所選擇的生存方式是對還是錯。

第五章

一個好漢三個幫

鏢局之所以有二、三百年的歷史，一個主要原因是，他們懂得合作。一個人的力量即使再大也有限，當大家把所有力量聚集到一起時，就可與天鬥，與人鬥。鏢局中人可以與各種各樣的人和各種各樣的勢力合作，他們不但懂得合作的重要性，還懂得合作的技巧。但是，這一切只是江湖生存的方法，而不是生存的改善。想要擁有最佳的生存狀態，管理者就必須要有強悍的執行力。

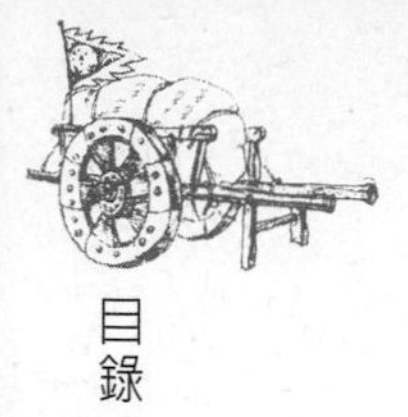

第六章 八大鏢局的江湖式生存

當年，京城八大鏢局名震江湖，這八大鏢局的名聲無非是靠著卓越的當家人和一群懂得江湖式生存的鏢師們。現代企業從這八大鏢局的生存方式上，應該能找到自己企業的生存方式。市場就是江湖，有人的地方就有江湖，對企業而言，選擇一種生存方式在這個世界上尤為重要。企業的江湖式生存可以有很多種，但從八大鏢局的生存方式中，我們可以看到，只有適應江湖，適應市場，才能找到你最佳的生存狀態。

第一章

當家人——一個優秀的江湖大哥

一個鏢局能在江湖中生存下去，作為大哥的當家人尤為重要。他首先要具備一定的素質，要懂得為自己的鏢局做宣傳，要明白控制員工和影響員工的利弊，他更要知道「出門靠兄弟」這句古老的箴言，他一定要有凝聚人心的方法。唯有如此，他才能讓自己的鏢局在江湖中生存下來。當今企業的領導者也是如此，想要笑傲江湖，就必須把自己訓練成一個江湖式的領導者，無論是在思維上還是在行動上。

誰有資格當大哥——領導者的素質

在舊時，由於交通不便，道上不安全，財物轉移最簡單也是最直接的解決辦法，就是找一群人來承接保送，所以，鏢局應運而生。

隨著社會動盪和生活的複雜化，鏢局承擔的工作範圍越來越廣泛：不但承接保送一般私家財物，地方官上繳的餉銀亦靠鏢局來運送；由於鏢局同各地都有聯繫或設有分號，一些匯款業務也由鏢局承當；後來，看家護院、保護銀行等也找鏢局來出面。

由此可見，創建這樣一個承擔著眾多生意的團隊，開設一個鏢局，絕非一件易事。從「當家人」的素質來看，他必須是這樣一個人：人面廣，手頭活，黑道白道路路通；葷行素行行行精，文活武活樣樣靈。

鏢局必須是先有這樣一個當家人，當家人再召集一群武師組成團隊。至於誰是首創者，在《山西票號史》中可以找到答案。該書作者稱，鏢局之鼻祖乃山西人神拳張黑五。所設鏢局字號爲「興隆」，於清乾隆年間創立於北京前門外大街。

而有關這位鏢局鼻祖的資料少之甚少，我們無法看到張黑五這個當家人的風采，無法悉知他是如何的武功高強，如何的人面廣。但從後來的京城八大鏢局的當家人身上，我們可以總結出當家人的「風采」來。

德才兼備

首先，也是至關重要的，當家人必須具有良好的武術功底。鏢局本身就是以傳統武術技藝來證實自己存在的一個特殊團隊，如果當家人的武術技藝不能服眾，那根本就沒辦法招攬到眾多武術高手來爲自己效力。當家人一定要有拿得出手的武術技藝，要有在幾招之內就將對手擊倒在地的絕活。武術技藝遠遠地高出其他人，才有可能招攬一些高手來爲自己效勞。所以，武術技藝是當家人第一項必須要具備的本領。

當年京城八大鏢局中最負盛名的會友鏢局當家人宋邁倫便是這樣一位身懷絕技的拳師。在清道光年間，宋邁倫與神機營中的武術教官比試武藝，以「夫子三拱手」絕技連敗眾多武術教官，一時被人們稱作「神拳宋邁倫」，享譽京城。

後來，朝廷見宋邁倫的確是高手，便賜他五品頂戴之職。但此人對官場腐敗深惡痛絕，棄官從商，於是京城才有了「京都會友鏢局」。

宋邁倫讓江湖人敬佩服氣的絕技便是「夫子三拱手」，在當時，「宋神拳」可以說是打遍天下無敵手了。

清光緒四年，江湖人稱「大刀王五」的著名鏢師王子斌在北京珠市口西半壁街面上創辦了源順鏢局。王子斌，字正誼，滄州回族人。他十二歲時在一家燒餅鋪當學徒，常到附近「盛興鏢局」看鏢師練武，總鏢頭李鳳崗見其骨質奇佳，便收他爲徒。

王子斌在師兄弟中排行第五，因以大刀見長，在後來闖蕩江湖中，遂被武林

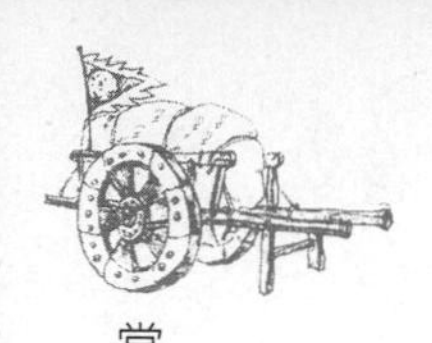

人稱爲「大刀王五」。這位曾被譚嗣同贊爲「去留肝膽兩昆侖」的武林高手，曾憑藉一把大刀橫掃京城武林。據說，沒有人可以從他手上走過十招。也許，這只是對王五的誇大傳說。但有一件事卻可以證明王五的武功的確是不同凡響的：在短短一年的時間裡，他所創辦的源順鏢局便躋身於京城八大鏢局之列。

當家人應爲武林高手已是毋庸置疑的了，但只憑藉武功就想開辦鏢局似乎是妄想。在那個充滿無數傳奇色彩的江湖中，武功雖然被眾人看重，但它只是外在的。一個人武功高強的確有做當家人的首要資本，但江湖中人更看重的一點就是江湖義氣、俠義精神。這就是許多著名鏢師都被譽爲「大俠」的原因。一是贊其武功高強，二是贊其俠義精神。在《清稗類鈔．義俠．大刀王五疏財尙義》中，作者費盡筆墨，給後人展示了一個眞實的俠者形象。

鏢局當家人要將「朋友義氣爲金山、銀山，我看朋友重如泰山，相會如到梁山」這種俠義精神永遠記在心裡；「所吃者，名爲英雄飯；穿者，名爲好漢衣；到處師兄稱號」要時刻放在嘴邊，動在手上。

江湖俠義精神是當家人必須要具備的，而這種俠義精神在現代社會中並沒有消失，只不過是穿了一身更加文明、漂亮的外衣而存在於現代企業的管理者心裡。

所謂武術技藝無非是領導者的才華，你必須要有領導的才華。而所謂俠義精神，就是指一個領導者要具備超人的品行與道德，能夠受到社會人士、同事及員工的敬仰。這種敬仰完全是出自對你品德的敬仰而不是武術技藝。

領導者的德與才是相互聯繫和制約的關係，猶如船的舵和槳。有德無才等於有舵無槳，船難以啓航，航行不了；有才無德等於有槳無舵，船會迷失方向，甚至船毀人亡。可以這樣說，離開德，才就失去了正確的方向；沒有才，德就成了無用之物。所以，必須要德才兼備。

會友鏢局的當家人宋邁倫曾引經據典地說：「德才兼備，稱之爲聖人；無德無才，稱之爲愚人；德勝過才，稱之爲君子；才勝過德，稱之爲小人。」

東西方對領導者素質的看法

對於團隊中的領導者素質，東方與西方的觀點不太相同。「科學管理之父」泰勒說，一個領導者應該具備九種品德：腦力、教育、專門知識或技術知識和手藝或體力、機智、充沛的精力、毅力、誠實、判斷力或常識、良好的健康狀況。「管理過程之父」法約爾認爲，身體、智力、道德、一般文化、專業知識和經驗是領導者必不可少的素質。如果我們將兩人的說法彙集在一起，就可以看出一個領導者應具備如下素質：一般的文化和專業知識、體力、智力與經驗、堅強、毅力、責任心。

在此，我們有必要知道鏢局的人員構成情況。鏢局的人員構成包括當家人（領導者兼管理者）、總鏢頭（管理者）、從事保鏢工作的鏢頭和鏢師以及趟子手、大掌櫃、管理雜務的夥計和雜役。

一個當家人想要將自己鏢局的生意發揚光大，僅僅靠高超武功是不行的。還要靠自己的影響力，而影響力其實就是自己在江湖上的口碑。「做事先做人」這句話在鏢局行業有著更具體的詮釋。

管理者只有具備了良好的道德品質修養，才能贏得被管理者的尊敬和信賴，建立起威信和威望，使之自覺接受管理者的影響，提高管理效果。

一個當家人具備了「江湖義氣」與武功就可以開創自己的鏢局事業嗎？似乎還沒有那麼容易。在任何時代，一個領導者都應該有一種嗅覺。當然，這種嗅覺是時刻跟著當時形勢走的。

他應該能嗅到當前的局勢能給自己帶來什麼，這就要求任何一個當家人必須要有一種意識：靠江湖人更靠官府。據會友鏢局鏢師李堯臣的回憶，會友鏢局的靠山就是李鴻章。

從某種程度上來講，鏢局當家人在鏢局開始創立時只是「一個人的表演」，無論是江湖人還是官府都是衝著他來的，鏢局成立以後，能做成多少大買賣，許多人看重的還是他這個當家人。

許多人都知道京城有八大鏢局，也知道鏢局當家人是誰，但卻很少有人知道鏢局裡那些出生入死的鏢師是誰。

在中國，這應該算是一個奇怪的現象：沒有人重視一個團隊，別人只會重視這個團隊的領導人。也許，正應了這樣一句話：偉大的領導者都是「一個人的表演」。他的本意並非只想一個人來表演，可是觀眾看的只是他，也只有他上臺表演。

有一種論調認爲，一個人只要具備一定的想像力、主動性與韌性、強烈的成就感與理解他人的能力，如果再學習一些基本管理技能，他就是一名優秀的領導者了。

且不管這種論調是對還是錯，我們從鏢局當家人身上看到的是，一個當家人首先要有過人的武術技藝，也就是才華。其次是品德，再次是上面所講的緊跟時勢，即使你沒有必要依靠政治勢力來做大自己的事業，但很有必要了解政治形勢。另外，在團隊初建時，你應該盡情地一個人表演，能發揮到什麼程度就發揮到什麼程度。這對你以後在自己屬下心裡和外界的影響力有著很大的幫助。

在這一問題上，前ＩＢＭ總裁小沃森說：「權力的高度集中也將向企業家們提出要求，要求他們重新思考他們對公共利益所承擔的責任，這就要求我們必須要學會如何行事，如何從國家利益的角度出發，採取行動！」鋼鐵大王卡內基在有生之年共向社會捐獻了三點五億美元，創建了兩千八百一十一個公共圖書館，向美國教堂捐了七千六百八十九架風琴。在《一個垂死的富人的恥辱》一書中，卡內基說，把剩餘的錢建一個信託基金，好好管理它，是一個富人的責任。

他們所做的一切都有當年鏢局當家人的影子，一擲千金，仗義疏財。不同的是，鏢局的當家人是在自己創業開始便這樣「江湖」而已。大部分有所成的企業家，不是僅僅靠他們富可敵國的財產來征服世界，更是靠他們對社會的責任感贏得了人們的尊敬。

比爾·蓋茲眼中的領導者

有人曾問過比爾·蓋茲，一個領導者該具備什麼樣的素質？

他回答說，領導者當然要有領導的才華，但最爲重要的應該是領導者的人格魅力。

首先，你應該把你的技能傳授給手下的工作人員，並且把他們培養成比你更能幹的人。

第二，你要有鼓舞士氣的能力。你要有讓手下員工都覺得在從事的工作中他們起到了重要的作用，他們不僅對公司還是對顧客都是如此重要。一件大事做成之際，參與其中的每個人都要有一種自豪感。

第三，領導者的人格魅力都是在工作中展現出來的，所以，你應該經常親自參與某些專案。作爲領導者，你要做的不僅僅是交流，人們最不願接受的是那種只知道分派任務的老闆。不時，你可以承攬一些艱巨的任務，給員工們作出應如何面對挑戰的榜樣，以此證明你的能力。

第四，請不要重複作相同的決定。第一次，就應不惜時日、深思熟慮地作出穩妥的決定，這樣你就不必重新考慮這個問題。假如你情不自禁要再度考慮，那不僅會干擾決定的執行，還會打消你的積極性。如果老是決而不定，爲什麼要煩心傷神去做呢？

最後，也是最重要的，應該讓員工知道自己該去取悅誰。你的人格魅力就是吸引他們來取悅你的唯一保證。

「亮鏢」——另類的活廣告

開創鏢局的第一件事，就是要打點當地檯面上的人物，下帖請官私兩方有頭有臉的朋友前來捧場，這在道上被稱之爲「亮鏢」。倘若關係不夠，「鏢」無法亮，由於知道的人少，往後生意必然難做；若是人緣不佳，亮鏢時有江湖人來踢場，手底下人再沒兩下子而被踢趴下了，鏢局可能只好關門了。

「亮鏢」沒出事，鏢局才算立住了腳。但能不能生意興隆，還要看第一次買賣——頭趟鏢是否能立個萬字，也就是所謂的打響名號。諸行百業，各有各的行規，亦即行業活動和行業文化。而這些東西在「亮鏢」時就需要亮給別人看。

想要開創鏢局的當家人，在「亮鏢」這一天會帶著自己所招募的高手們站在臺上，向請來的人說明自己開設鏢局的宗旨，無非是替人辦事，保財產平安的話。然後，會讓自己的手下亮亮手上功夫，自己也很鄭重地打幾路拳。在這時候，官方的人看到的是該人的實力，江湖人看到的也是實力。官方覺得這個團隊完全可以勝任保護他人財產之責，江湖人覺得，自己不要輕易打這個團隊的主意，並互相轉告之。

鏢局的創建、開業，是否也要像其他行業那樣向官府備案、獲准、請領執照以及納稅，還有待考證，文獻中對此記載頗少。鏢局人一向以「江湖人」自居，對手亦往往是江湖人，所以據推測，他們的「亮鏢」其實就是開業，手續並不那麼煩瑣。

有關鏢局「亮鏢」的敘述中，在《江湖叢談》裡寫得很詳盡：

在那個時代開個鏢局子亦很不容易。頭一樣，鏢局子立在哪省，開鏢局子的人得在這省內官私兩面叫得響，花錢雇用眞有能力的教師充作鏢頭。沒做買賣之先得先下帖請客，把官私兩面的朋友請了來，先亮亮鏢，憑開鏢局的人那個名姓兒就有人捧場才成。若是沒有個名姓，再沒有眞能力，不用說保鏢，就是亮鏢都亮不了。自己要逞強，亮鏢的日子非叫人給踢了不可。立住了萬兒的鏢局買賣亦

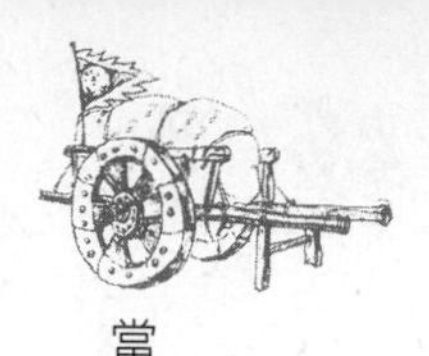

多，道路亦都走熱了，自然是無事的。最難不過的是新開個鏢局子，亮鏢的日子沒出什麼錯兒，算是把買賣立住了。頭一號買賣走出鏢去，買賣客商全部聽見聲兒，要是頭趟鏢就被人截住，把貨丟了，從此再亦攬不著買賣了，及早關門別幹了。

倘若《江湖叢談》裡所講的一切是真實的，那麼，可以想像，開辦一個鏢局的確不是一件容易的事情。第一，必須要擁有具備武藝高強的武士充當鏢師，否則非但保不了鏢還有可能丟鏢。第二，也就是當家人應該具備我們上一節所講的那些素質。第三，當家人要有排除風險的能力。

眾所周知，鏢局是直接同匪盜打交道，並與之抗爭的。因而時刻都擔負著很大風險，它是一種風險極高的行業。如果不具備排除風險的實力，也就無所謂鏢行了。社會對這一行業的需求，在於代人承擔安全風險。這就要求當家人要有一定的靠山，或者是自己有很強的經濟實力。鏢銀丟了可以賠償得起，被官府截住可以利用自己的靠山擺平。

所謂亮鏢，無非是亮一亮自己的實力，讓人知道自己的團隊無論在哪一方面都是最棒的團隊。再往具體一點說，就是開業告示，也可看成是開業廣告。只不過，那個時候的廣告是靜止的，必須要請人親自來看。

許多企業應該感謝社會經濟的發展與科技的進步給自己帶來的好處。單就廣告來講，有人將其比喻爲空中轟炸。鏢局的廣告恐怕只能用「空中火力不強」來形容。它除了「當家人是高手」這張名片和開業時的「亮鏢」直觀廣告外，僅剩下「鏢旗」這份宣傳材料了。

當家人在江湖中的地位自然是一個活廣告，人人都認識這位江湖老大，人人都會對其敬畏三分。這種「地位」在現在講來其實就是企業老闆的名片。

「亮鏢」這種直觀廣告在現代來講已經不僅僅在開業時才使用了，許多企業經常會在酬賓活動、新產品（特色服務）推出、向顧客問候或致謝時運用。這一切對擴大企業知名度，招徠顧客有很大的作用。當今社會，企業所使用的廣告形式主要有小卡、小冊子、宣傳ＤＭ、活動專案及產品型錄等。

所謂「鏢旗」是指插在鏢車上的一面旗幟。這面旗幟或是繡著鏢局的名字，或是繡著江湖豪言。比如振興鏢局的鏢旗上就繡著「天下第一鏢」五個字。無論繡的字是什麼，其作用都是爲了讓盡可能多的人知道自己的鏢局。

雖然，這種廣告方式在現在看來還顯得很幼稚，但在當時不失爲一種爲鏢局做廣告的好手段。現在，許多企業做廣告的方式已經是不勝枚舉了，但鏢局的那一套廣告方式還是值得借鑒學習的。

另外，鏢局的另一廣告方式在許多時候都會被人忽略掉。嚴格一點來講，這種方式不能算是廣告，只能算是鏢局生存之本。但在「知其然，不知其所以然」的情形下，他們所做的這一事情便成了一個很好的廣告。那就是同官員們來往！

生意人與官員來往，並借助官員的力量來爲自己的生意「保駕護航」已不是新鮮事。清朝的胡雪巖就擅長此道，並被後人稱爲「紅頂商人」。

任何一個時代，政府的公信力與官員職務優勢都可以影響人們的判斷力，而精明如鏢局一樣的企業正是運用了這種公信力與職務優勢，才將自己的企業開業廣告做出光彩來。

但是，當今社會不同於當初，在現實社會中，無數的企業並不可能像鏢局那樣都能「攀」上官府。但這並不是我們要探討和解決的問題，我們要談的是鏢局爲什麼要「攀」官府？原因很簡單，因爲官府的公信力。大家都認爲官府是可靠的，這樣的鏢局即使出了事自然會有官府替他撐著。另外有一點是，大家相信官府——自己的衣食父母——不會欺騙自己。所以，許多財物，他們都會拿來放到有官府靠山的鏢局來進行押運。

從這一點來看，「亮鏢」無非就是鏢局宣傳自己的另類模式。

據清末鏢師李堯臣的回憶，鏢局除了在開業時做「廣告」外，還在各種活動中派出自己的鏢師「炫耀」自己。

「一九〇二年，慈禧太后從西安回到北京，爲了表示慶祝，北京城辦了一次皇會。項目有五虎棍、少林棍、秧歌、小車會、高蹺……北京城裡、關廂、順天府各州縣，都來參加。鏢局子裡有頭有臉的都派人表演拳術和各種武藝。慈禧在

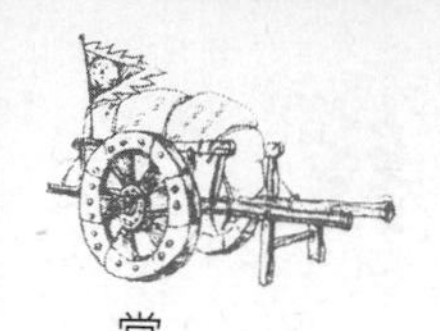

頤和園裡看會，園子外面，搭著大棚，一共有兩百來種玩藝。玩藝多，慈禧看不過來，就由主事人開上單子，交給六部堂官讓慈禧過目。她要看什麼玩藝兒，就按著單子傳進去，當著她的面表演一回。」

由此可見，在場的人都是一些達官貴人，而正是這群人才有財產來回運送，對於在場中亮把勢的鏢局師傅們，他們肯定會看出誰強誰弱來，也就在心裡將自己的財物押運權優先交給武藝強的鏢局師傅所在的鏢局了。

順者昌逆者未必亡——控制還是影響

鏢局的當家人之所以後來能成爲人們心目中的大俠而不僅僅只是一個當家人，有一個原因是不容忽視的：他們是靠自己的影響力（情緒力量）讓別人敬服自己，而不是靠控制力（武術技藝）控制自己的員工和外界阻力來張揚自己。

鏢局的從業者

鏢局的從業者，除櫃上的帳房先生、廚師、雜役人員外，主要就是鏢師。鏢局依靠鏢師爲客戶人財保安服務獲利，鏢師則是以其武功作爲保安資本來換取報酬的生計。沒有鏢師則不成鏢行，沒有武功也就不能充當鏢師。也就是說，鏢局是除武館和江湖團體之外的又一民間武士群集的主要場所。對於這樣一個武夫群體，當家人必須要懂得協調與影響的藝術。否則，必然會有鏢師出工不出力的結果。當然，在這群人裡，處於平等關係的鏢師，他們是和諧的。他們靠著「大家都是江湖人」的現實來主動維護別人與自己的權益，他們之間很少會發生爭吵與毆鬥。但如果一旦發生內訌，鏢局就會有解散的危險。那麼，當家人在這時候就會成為孤家寡人，和「造反」的鏢師們咬牙戰鬥。

在中國鏢局史上，比較大的鏢局變亂在史料中並無記載。鏢師反對當家人的事更是少之又少。這可能有兩個原因：一方面，鏢師們在鏢局裡只要有事可做，便可拿到生活費，這要比他們在外風吹雨打地賣藝強得多；而另一方面，當家人的非權力影響力讓他們十分佩服地環繞在當家人周圍。

楚三鬍子的失敗

《北京武林軼事》中記載著這樣一件事情：北京一小鏢局的當家人楚三鬍子因一趟鏢很重要，遂親自出馬，帶領鏢師們從北京出發將鏢銀送往蘇州。途經山東時，宿一客棧。因鏢局在路上有規矩，絕不能在陌生的客棧就餐，所以，楚三鬍子按照規矩將一些自帶食物分給鏢師們吃。當時正是炎熱夏季，食物因存放時間太久而有了異味。鏢師們都不肯吃，有人大聲叫喊要在客棧裡要東西吃。一向特別謹愼又特別吝嗇的楚當家人堅決不肯，他認爲，出門在外，況且又有鏢銀在身，一定要小心從事。他將總鏢頭叫到屋裡商量了半天，最後決定，鏢師們應該繼續吃那些有異味的食物充饑。

鏢局上下一片混亂，有人回憶往事，當時大家都覺得當家人對他們太苛刻了。有人也回憶往事，覺得當家人根本就不配做這個當家人。一種逆反情緒經過一晚上的昇華直接到了準備「反叛」的階段。

然而，楚當家人和總鏢頭絲毫沒有覺察出這種情緒，在兩個管理者看來，這些人在沒有加入他們鏢局的時候一日三餐都吃不飽，現在只不過是餓了一餐而已。第二天中午，鏢局來到荒郊野外，總鏢頭叫眾人歇息，眾人見仍舊是昨天的食物，都不肯吃。楚當家大怒，威脅說：「你們不吃可以，但必須要給我趕路。如果你們能忍住餓趕路的話，我是很歡迎你們不吃的。」接下來，總鏢頭又出面跟鏢師們說，如果誰不吃，誰就馬上滾出鏢局去。

這種威脅與恐嚇並沒有讓鏢師們妥協，相反，他們舉行了「反叛」活動，將楚三鬍子與總鏢頭殺死，分了鏢銀，各自逃命去了。

現在讓我們分析一下這個因失控而導致殘局的事件：第一，從系統論觀點看，鏢局作爲一個系統，是十分不穩定的，以楚當家爲首的領導者與鏢師們的矛盾十分尖銳，雙方對抗情緒已到了一觸即發的地步。食物變味只是一個導火線而已。第二，楚當家和總鏢頭不能做到自控，他們採取的態度與做法是非理智的。第三，控制不等於唯一地採用暴力、強制、壓服的辦法。以「無論吃飯與否都要趕路」，「不吃就滾出鏢局去」等強迫辦法，這樣必然會激起鏢師們更大的反抗情緒。

前美國總統尼克森說，有史以來，從古希臘人，經過莎士比亞，直到現代很少有什麼主題能像偉大的領袖人物那樣經久不衰地吸引著戲劇家和歷史學家。是什麼使這些領袖人物與眾不同？領袖和被領導者之間那種特別的、難以形容的激越感情又是什麼引起的呢？這些領袖們扮演的角色所以引起人們如此之大的興趣，不僅僅是因爲他的戲劇性，還因爲它的重要性——他的影響！

可以這樣講，一個眞正的領導者不是靠控制一切來讓世人承認的，而是靠影響一切來讓人永遠地記住自己。這就提出了一個概念，也是現代企業領導學中經常被提到的概念——非權力影響力。

當然，一味地用非權力影響力來影響別人並非易事。許多人並不是天生就具備這樣的影響才能，而是通過無數的鍛煉與揣摩才擁有了這種才能的。大部分情況下，企業領導者還是要靠一定的控制力才能將企業帶到自己理想的位置。

從心理學角度看楚三鬍子的失敗

從心理學角度來講，在管理活動中，員工們能承受的心理負荷是有一定限度的。當受外界刺激，也就是心理衝擊超過一定限度時，就會產生心理突變。心理容量包括正常心理容量和挫折心理容量兩部分。一定的刺激量表現爲正常心理狀

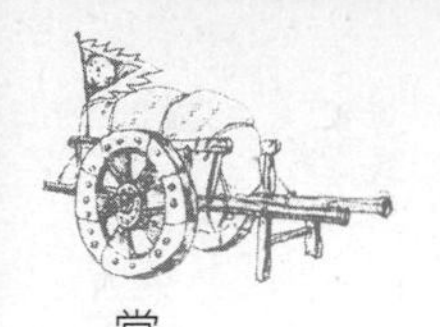

態，它容納在正常心理容量之中。當刺激量超過挫折感臨界點的時候，它表現爲挫折心理狀態，容納在挫折心理之中。挫折心理容量有一定的極限，這個極限就是一個人的心理負荷極限。當刺激量繼續增加超過了心理負荷極限，就會發生心理崩潰現象。楚當家的鏢師們的「反叛」事件正是說明了受挫心理已超過了心理負荷極限。

一個好的解決方式應該是這樣的：楚當家人在平時對待鏢師們的態度上就要以當家人該有的影響力來影響眾人。當遇到突發事件時，應冷靜地觀察、注意到鏢師們心理受挫的嚴重程度，採取措施推延心理負荷極限，從而擴大整個心理容量以防止發生心理崩潰的現象。

楚當家人應該在客棧時就允許鏢師們吃別的東西，即使這些東西需要自己掏錢來買。或者在路上時，跟鏢師們說明現在是野外，前不著村後不著店，等到了安全之地請大家吃一頓好的。再或者是，鏢師們覺得食物有異味，當家人可以起表率作用先來吃。這樣，便能將鏢師們激烈的反抗情緒緩和下來，把危機的局面控制住。

可事實是，楚當家人並沒有這樣做。也許，有人會說這是控制不力的結果。但縱觀整個事件，我們可以看出一點：鏢師們對這一小事件的反應是巨大的。這就說明楚當家人在平時的管理過程中忽略了一個問題：非權力影響力的重要性，也就是自己在這些人心目中的形象問題。

按照人類心理學來講，人不可能只因爲一件小事就製造出驚天行動來，而是往日的積累，一點一滴地促成的。所以，一個好的領導者應該知道，控制事件發生的確很重要，但最重要的卻是自己平時的非權力影響力。

無論什麼樣的團隊模式都不能不涉及當家人的影響力問題。所謂影響力，是一個人在與他人交往過程中，影響和改變他人的心理和行爲的能力。企業領導者的影響力就是企業家的狀況與行爲在企業員工身上所產生的正向心理效應。有人認爲只要處於領導地位並且手中有權，就可以影響、改變被領導者的心理和行爲。這種看法是很可笑的，善意一點來講，是對領導者影響力的一種誤解。

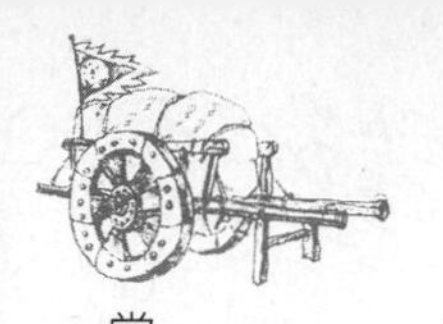

不得不承認，地位和權力是一種影響力，但不是影響力的全部，更不是最重要的影響力。如果我們把領導者的地位和權力稱作權力影響力的話，那麼領導者所具有的品格、素質、知識、能力等非權力影響因素，將長期在企業的經營活動中顯示其魅力。

所謂控制，就是領導者以權力影響力來「命令」別人；所謂影響，便是領導者以非權力影響力來「影響」別人。

權力是實現有效領導不可缺少的條件，沒有權力就沒有領導他人的基礎。鏢局當家人在鏢局成立時就爲自己奠定了權力基礎，這是必不可少的一道程式。

任何一個鏢師都明白這樣一個道理：自己進入鏢局就是要聽命於當家人的，因爲自己是爲他而工作，所以必須要聽命於這位雇主。這就是傳統效應。它是一種長期形成的服從觀念，即對領導應當服從。這種服從感使得領導者的言行產生一定的影響力。這種影響力存在於領導者行爲之前。也就是說：只要你有本事坐上當家人這個位子，你就自然獲得了一定的影響力。

在當家人的素質一節裡，我們談到當家人應該具備的一些素質，這些素質就是領導者的資歷。資歷效應意指領導者資歷的深淺給被領導者的心理影響，以及由此產生的敬重感，使得他輕而易舉地產生某一種影響力。

榮譽效應自然和當家人的本事有關，比如八大鏢局的當家人在當時都是武林中數一數二的高手，並且口碑極好。這一切都可看作是當家人的榮譽。

傳統效應、資歷效應與榮譽效應構成了當家人權力影響力的三個效應。但我們可以看出，這些權力影響力都是由社會賦予的、在未實施領導行爲之前所存在的。至於這種權力影響力能否持久，還要看領導行爲發生之後人們透過領導者的品格、才能、知識、情感之窗，發現了什麼，從而得出主動服從、被動服從或拒絕服從的結論，其影響力也就隨之擴大、縮小或熄滅。

領導者可以用權力來控制員工，但未必能用這些權力來影響員工。當家人在後來的管理過程中所表現出的一切也有可能將控制掌控得完美無缺，但也可能一塌糊塗。關鍵還是要看當家人的非權力影響力。

當家人在領導鏢局行爲之中，由其本人的品格、才能、知識、情感等素質和行爲，對被領導者產生的影響力，叫非權力影響力。

非權力影響力的首要條件就是當家人的品格，當家人能否贏得人心，絕不是靠權力、地位和資歷，而是品格（道德、品行、人格和作風）。具有高尚品格的企業家，會自然地產生巨大的號召力和說服力。缺乏道德或品格不好的當家人，即使他的後臺再硬、資歷再深，其影響力也近乎等於零。

才能、知識是每個當家人都有的，因爲沒有這些，他根本就不會將鏢局創立起來。

企業家影響力的最後一個條件就是情感。沒有愛的輸出，就沒有愛的回報。感人心者，莫過於情。當家人與被領導者之間默契的情感交流，比任何程式都重要得多。

京城八大鏢局當家人的名字之所以流傳下來，並不是他們衝鋒陷陣的本事和生意興隆程度有多高，而是他們品格的感召力。許多江湖人都願意聽到他們的名字，願意在路上為他的人馬放行，願意將他們的名字傳誦，願意和他們來往並做生意。

鏢局就如一個小社會，而中國的企業由於多種歷史因素的緣故，也有「小社會」之稱。任何一個企業家都有「君主」一般的權力，他們的每一項決定，都直接或間接地影響著下面人的利益。一個人掌握著一定的權力，且這種權力的作用和結果影響著一群人的生活，那麼，他在品質和性格上的優缺點往往會影響到整個群體，特別是他品格上的缺陷會對整個群體帶來不利或有害的影響。

倘若鏢局出現這樣一位當家人，那麼，鏢局上下就會對他的缺陷從容忍到不服從，從言語上的不恭到行動上的抵觸，直到他放下他的權力為止。當他放下權力時，這個團隊也就標誌著解散了。

許多事實都證明，影響別人要比控制別人容易得多，這就好比殺一個十惡不赦的人，有人用赤裸裸的鋒利的刀，有人卻用糖衣毒藥一樣。哪個更能達到目標，毋庸贅言。

在家靠信仰，出門靠兄弟——領導者的禪機

我們可以想到的是，當時的鏢局就是一群武林人士會聚之所。眾所周知，舊時許多遊俠因爲身懷絕技而無用武之地，所以，大部分武人都在「鬱悶」和「貧窮」中了卻此生。許多武俠小說裡所謂的武人穿好衣吃好飯的情景純屬虛構，事實是許多練得一身功夫的遊俠們找不到工作。所以，有的人做了強盜，有的人在街上賣藝。無疑，鏢局的出現是武人打破懷藝無業傳統所選擇的一種直接服務和棲身於社會而應運創建的特殊行業，一種除此人等別人難以從事的行業。雖說鏢局是有償進行保安服務的行當，但從業的鏢師仍然繼承和保持了江湖武俠的俠義傳統，成爲鏢行的立業之本。

鏢局的精神寄託

舊時，任何一個行業都有自己的祖師爺，鏢局所供奉的祖師爺則是達摩。之

所以奉達摩爲行業祖師，可能是因爲有一種傳說稱達摩是少林武功的始祖。

但事實是，達摩他老人家並不會武術技藝。少林武術的眞正興盛是在達摩以後的隋唐。那個時候，少林寺裡武術高手極多，並且，有許多人學會武術後沒飯吃只好出家。在少林寺，他們便將自己的武術傳授給別人，僧人們互相交流，互相切磋，並偶爾光著頭到山下四處「替天行道」一回，從而使少林武術聲名遠播。

鏢局之所以用達摩作爲自己的祖師爺，無非是緣自少林武術影響的文化依託現象，用這種依託增強行內凝聚力、自豪感和行規等習慣法的約束力，同時亦爲提高鏢行社會地位和聲望的必要手段。

試想一下，一個團隊都是少林中人或者是受過少林影響的人，並且，他們有自己的道義規則，他們從心裡接受這種規則。這樣一個團隊在社會上又是多麼的與眾不同啊！

鏢局行業所承繼的武林的武俠傳統，不僅僅規範著鏢行的行業精神、行業秩

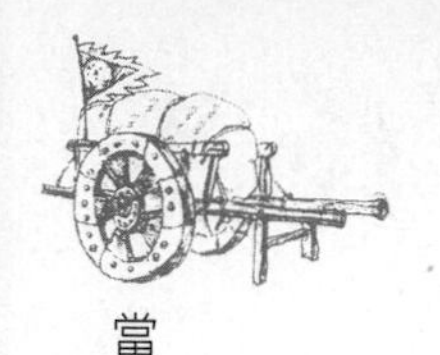

序，同時亦因一些鏢師的俠勇行爲而爲鏢行以及武林增添了光彩。

仔細一想，鏢局傳在外並施在內的這種俠義精神很可能就是少林達摩的功勞。就如黑社會拜關公一樣，關公從來沒有混過黑社會，但因爲其講義氣，死後又被不知是誰追封其爲「武聖人」，所以，就有了俠義精神。鏢局拜達摩和黑社會拜關公，其心理是一樣的，無非是讓自己團隊的凝聚力加深而已。

當家人搬出了這樣一個祖師爺，並告誡大家，我們既然都在這個鏢局裡，那就說明我們只有一個祖師爺。希望大家同心協力，不要讓祖師爺看不起。

這話說過無數遍後，就成了：我們只有一個祖師，希望大家同心協力，不要讓咱爺爺看不起。

有時候，忽然覺得，舊時無論是民變還是暴動，總之，先要有一個團隊，但在有這個團隊之前，幾個發起者肯定會煞有介事地拜一個並不存在的神。這個神有時候是○○聖母，有時候直接就是某某佛，還有時候把國外的神仙搬來。

大凡天下人做事都有一種精神依靠，鏢局做事如此，現代企業經營更是如此。事實上，一種精神上的依靠對於一個現代企業來講並不是可有可無的，但這種精神依靠在現代企業裡已經換成了另一個樣子。領導人會對員工說：「你們好好做吧，將來你們一定能跟我一樣，有房子有車子。」

把這句話放到舊時，便可以這樣翻譯：好好跟著祖師做，咱們的爺爺肯定會讓我們過上好日子的。很可能這句話還有一層意思就是，有祖師罩著咱們，我們放心地好好幹，咱們爺爺是天下第一。

如果這層意思是正確的，那麼，這個靠山要比政府官員更能罩得住人心。

這樣說來，所謂拜一位並不存在的「人」，無非是想用一個精神上的領袖來讓員工們爲自己服務。太過於虛幻的東西往往就是能引起別人興趣的東西，但這個虛幻的東西必須要是展現某種精神的，鏢局的「達摩」便是少林武術俠義精神的展現。當家人這樣做，只不過是想讓自己的團隊成員「死心塌地」地團結在自己和祖師爺周圍，一起奮鬥向前而已。

現在看來，這些似乎都是迷信。舊時，普天之下有適合迷信生長的土壤。倘若現在，企業老板說咱們的祖師奶是何仙姑，那麼肯定會讓員工四處逃散，以爲你是個瘋子。

但迷信從另一個角度來講卻是精神上的依靠，一種對自己並不自信的虛幻的寄託。這種寄託不能將其簡單地定義爲迷信或者是科學，只要大家心中都能奉著一個「神」，都心甘情願地奉著這個「神」，而使團隊向前發展，是迷信還是科學又有什麼區別呢？！

易中天說：「在民間形象中，屠宰業奉張飛爲祖師爺，編織業奉劉備爲祖師爺，強盜奉宋江爲祖師爺，小偷奉時遷爲祖師爺。」可見，每一行業都有自己信奉的一個「神」，這些人「神」信奉這些並非是眞的相信他們的存在。

殺豬的屠夫在殺豬的時候口中念念有詞「張飛張飛」，豬就自己自殺了，這是不可能的；殺人放火時被官兵追趕，念了一句「宋江救命」，官兵就灰飛煙滅了，更是無稽之談。

信奉這些人，無非是將自己的團隊，或者是從事自己行當的人聚攏在一起，從心上聚攏在一處，力往一處使。另外，在上面講過，這些人在這個行業的影響力還是存在的，至少，他們有了從事本行業的「第一」這個頭銜。

所以，現在許多企業都尋找自己的祖師爺爺。但在許多年輕的創業者看來，自己就是自己的祖師爺。

中國戰國時的白圭，生意做得很大，也做得很成功，便被後世商人奉爲該行業的祖師爺。白圭先生之所以把生意做得那麼好，可能是他意識到了做商人一定要有必備的素質，「智、勇、仁、強」這可視作對中華商人之精神的最早概括。白圭所處的時代距今近二千五百年，也許是年頭太長了，或者是這位祖師爺並沒有提出商人應該以「誠信」爲第一基本素質，所以，現時下某些商人變得很無恥起來。非但對社會公眾無恥，對自己的員工也不講誠信，那麼，即使供奉多久也是無用的。

鏢局祖師爺的供奉在外人看來無非是一種形式，但在鏢局當家人看來卻是實實在在的精神上的大力支持與恭敬。這種精神就是當家人精神。

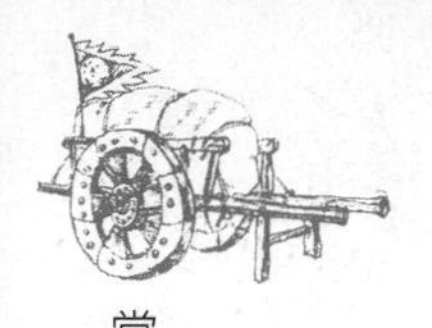

中國企業家的精神

因爲崇拜所以模仿。中國企業家的精神主要還是表現在浙商身上，而這些人正是眞正地把白圭供奉在心裡的一群人。

看一看浙商，他們大多出身貧寒，幾乎都是白手起家。打鐵爲生的魯冠球，躬耕田園的徐文榮，一介裁縫胡成中，樓明出身軍旅，李如成是農民，鄭元豹是工人……這些人的特點都是背井離鄉、從小做起、歷經坎坷、從不放棄。

不妨來看一看浙商自我總結的「四千精神」：走遍千山萬水，道盡千言萬語，想盡千方百計，吃盡千辛萬苦。而這恰恰是其最核心的成功經驗，也是最寶貴的精神氣質。這是中華商人的本色傳承，與晉商、徽商等先輩血脈相連。成就事業的眞正商人，必是有志向、有毅力、有能力、有修養者，且大多歷經艱辛、砥礪而出。

鏢局的物質利用

如果說，達摩是鏢局的精神寄託的話，那麼作爲現實存在的盜匪就是鏢局的物質利用。首先，沒有盜匪的侵擾，就不可能有鏢局的出現。其次作爲鏢局的當家人本身就是江湖中人，所以根本就脫離不了江湖的是是非非。自然，也就和盜匪有聯繫了。

《江湖叢談》裡說，舊時「掛子行」（即「瓜行」，隱語行話稱武術一行）根據利用武功謀生方式的不同，分爲明、暗兩種。所謂「明掛子」，是指憑武功保鏢、授徒爲業或從軍者；「暗掛子」，即仗武功爲盜者。

但事實上，明掛子與暗掛子是很難準確區分出來的。「鼓上蚤」時遷，就是一位明掛子融暗掛子於一身的梁山好漢。明掛子與暗掛子在江湖中行走難免會碰到一起，那麼，同是江湖中人，但卻不同道，遇到了該怎麼辦呢？

據李堯臣講，對盜匪輕易不要得罪，雙方遇到了要以禮相見，被逼無奈之下才兵戎相見。大部分時候，當家人與盜匪是一家的，你在路上不要截我的鏢，當

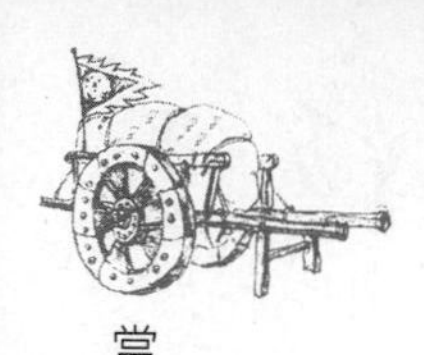

你來到我地盤上的時候，我會保你平安。

「鏢行和賊，是互相利用的。正因為有賊，而且賊講江湖義氣，鏢局才能站得住，吃得開。可是鏢局和賊究竟是兩碼事！賊做的是沒有本錢的生意，多半是些走投無路鋌而走險的光棍；而鏢局子的人多是有身家的人。會武藝的人，要進鏢局，並不是那麼簡單，必須確實可靠，有人知底擔保。所以做賊的人，儘管鏢號稱他做朋友，可是賊決不能進鏢局。鏢局的人，忽然不幹了，去做賊，這種事，當然也不是沒有的，可是鏢局子絕不能容他。因為這種人離開鏢局子去做賊，必然和鏢局子作對。

「因為鏢局子和賊講『朋友』，所以賊到北京來買東西時，鏢局就有保護的責任。當時官府有專管拿賊的採訪局，他們稱賊為『點子』。賊一進京，採訪局就在後面跟上了。可是一看見賊進了鏢局，他們就不敢拿了。為什麼官府還讓鏢局一頭呢？因為鏢行有後臺，我們稱之為大門檻，也就是當時在朝廷最有勢力的大官。比如會友鏢局，後臺老闆當時是李鴻章，他應算是會友的東家，可是也不用他出資本。因爲會友派人給他家護院守夜，拉上了關係，就請他當名譽東家。採訪局要得罪了鏢局子，鏢局子跟李鴻章一提，一張二寸長的小紙條，就要了採訪局的命。所以他們就不敢找鏢局子的麻煩了。」

「賊到了北京，來到我們櫃上，他和誰熟識，就由誰陪著。白天陪他出去買東西，晚上回局子裡睡覺。在外頭吃飯的時候，都由鏢局子結帳。一日三餐，好酒好飯。做賊的進城，都打扮成買賣人的樣子。進京的時候，身邊帶著不少錢，他買東西，自己付錢，這倒用不著鏢局子破鈔。」

「賊在北京住了幾天，連買東西，帶看熱鬧，住夠了，就由鏢局子送他出城。臨走時，起五更，由鏢局派轎車，還有鏢局的人騎馬護送。賊坐在轎車裡面，送出城後，鏢局子人就回來了。趕車的人早由鏢局子交代過，反正坐車的叫你把車趕到哪兒，就送他到哪兒，什麼話也不用問。送他到了地方以後，他一定多給賞錢，決不少給。賊進北京這幾天，鏢局子必須特別小心，決不能讓他出事。要是賊住在鏢局裡，出了事，讓官府給逮去，這一來，鏢局子就算栽了。你

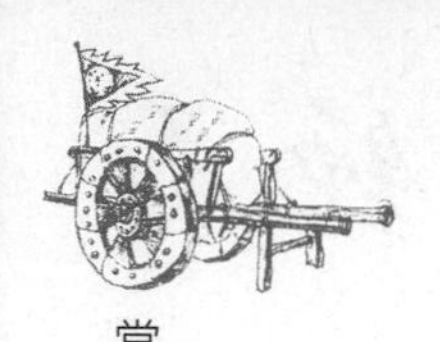

再保鏢，路上遇見賊人的同夥，他必和你作對，鏢就不能走了。所以賊人來到以後，一定要小心保護；把他送走以後，櫃上才能放心。」

當家人與賊的關係是很複雜的，兩者相依但卻不同道。這就需要當家人擺正自己的心態，將這些人看作是自己的衣食父母，爲他們這樣的人花點錢是值得的。有些錢必須要花，只有花了錢才能辦成事。

當家人會經常教導自己的鏢師們對賊要「以禮相待」，不到萬不得已，絕不能翻臉。團隊要在平穩中向前行進，絕不可節外生枝。

鐵砂掌的傳說——凝聚人心的技巧

鐵砂掌的故事

曾以鐵砂掌名震江湖的一位鏢局當家人跟鏢頭和鏢師們在一起較量武藝，他問鏢頭，當今天下最厲害的武術技藝是什麼。鏢頭說：「王五的刀、您的鐵砂掌、宋邁倫師傅的夫子三拱手。」

他又問那些鏢師，鏢師們都點頭，認爲鏢頭的話是正確的。這位當家人就笑了笑，伸出自己的手掌抓起一把沙子，在手裡攥了很久，然後猛地向地上擲去。「你們來看，我這招就是以鐵砂掌的力道溶到沙子裡，然後奮力打到地上的。」

大家都來看地，地上只有散落的沙子。

當家人又握起一塊石頭來，說：「這塊石頭如果敲碎，和我剛才手裡的沙子是一樣多的顆粒！」說完，就奮力一摔，地上出現了一個小坑。他拍拍手，跟他的兄弟們說：「我們大家就要把沙子變成石頭才能擊出更大力來，不然，沙子永遠是散沙。」

將沙子變成石頭，在現在來講並不是一件難事。也許，在當年是一件很難的事。因爲科學還沒有像今天這樣先進，我們可以將沙變成石的故事放到現在社會來講，其實就是團隊的塑造過程。

當家人應該明白一個道理就是，只有將沙變成石頭才有可能成爲天下最厲害的武功。沙本身是變不成混凝土的，它還需要石頭、水泥、石灰、鋼筋等按一定的比例配合才能形成，一個團隊的人員知識結構、年齡結構、男女結構、工作經驗等都需按比例配置。

信任是團隊的基礎。在從沙變成石頭的過程中，信任就是水。水起了一種融合的作用。當家人必須做到的一點就是信任你手下的每一個人，包括廚子。相信他們能做好每一件事，相信其會盡自己最大努力。同時，當家人要讓手下的每個人相互信任。那麼，這些人互相不信任該怎麼辦呢？當家人要給他們交流的機會，看過水泥攪拌的人都知道，裡面還未成水泥（石頭）的混合物在來回地轉圈。這就是當家人必須要善於的攪拌功夫。這種攪拌功夫的形式在鏢局中很少出現，但在現代企業中卻屢見不鮮。比如培訓、出遊、文藝活動等。

當家人靠什麼來讓沙子變成石頭呢？奇幻武功是這個世界上沒有的，所以，雖然是以武術取得員工們的服從，但仍舊不能把傳說當作現實來看待。

說來說去，一諾千金並不是神話，而是當家人切實可行的一條凝聚團隊的路。信譽，是一直被企業家提到的，但卻很少有人能眞正做到。也正因爲此，許多企業發展了十幾年仍舊是小企業，或者乾脆就消失了。

什麼是信譽？孔子說「言必行，行必果」，古語云：「修身、齊家、治國、平天下」，這裡的「修身」應該是修品德，古人已經把品德作爲一個領導人必備素質的道理精闢地概括了。

企業總裁在企業員工面前乃至在全社會首先是要有信譽，這就像一個企業在社會上要有信譽一樣。否則，人們不信任你，你就無法實現對企業的領導。那麼，團隊根本就不會存在。

說起來簡單，但做起來的確是難的。有的人並非不想講信譽，但看到別人對信譽二字不放在心上依舊在發展，他自己也就對此二字漠不關心了。

所以，將沙子變成石頭的方法很簡單，用上面所說的那些方法就可以了。

從現存鏢局史料文獻而言，可以說，清代爲最豐富是不爭的事實。除一部彌足珍貴的佚名氏傳錄本《江湖走鏢隱語行話語》外，散見於各種文獻中的材料也有一些。從一定意義上說，這也是清代鏢局興盛的主要標誌之一。

那麼，爲什麼在清代，鏢局會如此興盛呢？除了一些客觀原因外，主因就是當家人可以將沙變成石。在凝聚中，英雄人物輩出，促成了鏢局行業的興盛。

清末的北京鏢局，擁有一批著名鏢師，這些鏢師原來是沙子，被當家人聚攏到一起後就成了一塊堅硬的石頭。會友鏢局的宋彩臣、王芝亭、王福泉、胡學斌、李堯臣；同興鏢局的武老飛；永興鏢局的葛老光；源順鏢局的王子斌、劉化龍、馬福利；滄州盛興鏢局的李風崗；奉天常勝鏢局的李星階等等。

規模、影響較大的鏢局，往往都要擁有幾位或一批著名鏢師支撐著牌號、門面。從一定意義上說，這些著名鏢師的名氣就是該鏢局賴以生存獲利的金字招牌。但必須要正視的一點是：這些金字招牌只有被當家人團結在一起才有效，倘若將其分離開來，不過是一些武林高手而已。就如本節開頭所講的那位以鐵砂掌名震江湖的當家人所說的那樣，江湖中真正厲害的功夫不是什麼掌什麼拳，而是將沙變作石頭的當家人思想覺悟。

提高團隊凝聚力的一個遊戲

下面我們可以做一個遊戲，曾經的鏢局並沒有做過這樣的遊戲，今天的企業領導者已經將這個遊戲當成了「把沙子變成石頭」最有效的辦法之一。遊戲的名字叫：拼團徽。

現簡單介紹如下：

遊戲目的：遊戲可以鍛煉各團隊的協作能力和組織統籌能力。

遊戲規則：

（一）在賽前讓參賽人員和觀眾先看十五秒公司徽記的原圖，再進行比賽。將公司徽記圖案的拼圖拼好，用時最短者勝。最後由主持人拿著公司徽記的原圖，解說公司徽記的組成及其象徵意義。按遊戲完成的時間評出一至六名，時間最短的爲第一名，其次的爲第二名，以此類推。第一名得六分，第二名得五分，以此類推，第六名得一分。

（二）在最短的時間內將企業文化理念排列出來。按遊戲完成的時間評出一至六名，時間最短的爲第一名，其次的爲第二名，以此類推。第一名得六分，第二名得五分，以此類推，第六名得一分。

遊戲細則：所需道具，已分割好的公司徽記拼圖六幅，每幅面積約一百二十公分×一百二十公分，每幅拼圖分割成六十四塊，每塊面積十五公分×十五公分（平均每人拼十六塊）；六份已經準備好的企業文化理念文字。碼錶六至七個，計算完成時間。

遊戲人數：每組派出四人，六組共有二十四人參加遊戲。

遊戲時間：第一個拼圖遊戲估計最快一組完成時間約三至六分鐘，遊戲最後完成約十五分鐘。第二個排列遊戲大概最快用時二至三分鐘，最後完成時間八至十分鐘。

當具備了可以塑造一個高效團隊的當家人，剩下的問題就是這個當家人手下的兄弟們是否會願意在一個強大的團隊裡生活和工作，他們是否會願意爲一個名聲在外的高效團隊而努力讓自己脫胎換骨。

第二章 鏢師們的江湖式生存

員工的素質當然需要領導者來培養，但是，員工本人也應該具備在企業中生存下來的能力。古代鏢局中的鏢師們因為身處江湖，所以懂得「人在江湖漂，必要有好刀」的道理。他們除具備江湖所要求的非凡品質外，還對自己的保鏢生涯充滿熱情，他們一諾千金，百死不悔，他們可以護鏢上路，也可以看家護院，機動靈活，多項發展，所以，他們是那個時代最具備生存能力的優秀員工。

以武會友、以德服人——員工應有非凡的素質

江湖武林一向以「行俠仗義」為美德，對於以堂堂正正的「明掛子」自居的德行鏢師來說，當然更注重這種品格。它既關係到鏢師的聲譽，也直接與鏢行生計密切相關。一些著名的鏢局寧可生意冷落亦不肯為下流娛樂場所充當保鏢，若以行業道德而論，至少可謂自尊自愛。在以貨幣作為饋贈物習慣的文化環境裡，能如此自律實屬不易。

簡單一點講，鏢師必須要有武術道德，在這種認識下，他們絕對不能也不想玷污這種道德。而同時，這種道德也為他們在路上光明正大地行走奠定了一個基礎。

許多鏢師的行俠仗義不僅為本行樹立了良好的職業道德和行業形象，也為武林增添了茶餘飯後的談資，鏢局慢慢地被許多人視為一個勇戰邪惡的團隊。

鏢師梁振普的武德

清光緒末年，河北冀縣的梁振普，就是一位仗義行俠譽滿武林的著名鏢師。當年，他在京城仗義勇救寧夏回族湯瓶拳高手于紀聞女兒于雲娘的俠舉，讓眾多武林人欽佩嘆服。

梁振普字昭庭，河北省冀縣城北後塚村人，一八六三年五月二十日生，卒於一九三二年八月十三日。自幼好武，七歲拜本村秦鳳儀老拳師學彈腿，十三歲到北京，在前門外「萬興估衣莊」學徒，以販估衣（編按：二手衣）爲生，故人稱「估衣梁」。

由於其身材矮小，體弱多病，經掌櫃介紹拜八卦掌創始人董海川爲師學武。梁入門較晚，但由於天資聰穎，練功刻苦，勤思善悟，深受董海川喜愛，得八卦掌之眞髓，且虛懷若谷，尊師敬長，經常虛心向師兄們求教，和眾師兄關係甚好。

梁性格豪爽，好濟人急，有古俠之風。成名後，除賣估衣外，還在北京前門外珠市口南「德盛居」黃酒館設教傳授八卦掌，弟子很多，除北京外，河北保定、冀縣、束鹿，山東等均有眾多門徒，可謂桃李滿天下。其所作仗義之事數不勝數，但勇救于雲娘的事卻是傳得最廣的。

光緒二十五年春的一段時間，西城西四附近的惡霸趙六宅院，夜裡常有女子慘叫聲傳出，鄰居們議論紛紛。宅主趙六原在九爺府裡當差，後投靠八大胡同賺了錢。趙六打得一手好鏢，人稱「金鏢趙六」，還在手下養了五名會形意拳的狗腿子趙龍、趙虎、趙豹、趙蛇、趙鶴。趙六仗著自己身懷「絕技」和一群狗腿子橫行霸道，無惡不作，成爲當地一霸。

平時就對趙六惡行非常憤恨的梁振普，聽到人們的議論，仗義勇爲、好抱打不平的俠義性格促使他決心探個究竟。經探知，夜裡總是發出慘叫的女子是湯瓶拳高手于紀聞之女于雲娘。于雲娘在尋找來京城武林訪友的父親時被趙鶴騙進趙宅，趙六是個好色之徒，欲納雲娘爲妾。雲娘不從，趙六每天晚上便拷打她。

梁振普聽說了雲娘的事後，義憤塡膺，下決心要把于雲娘救出來。天亮後，

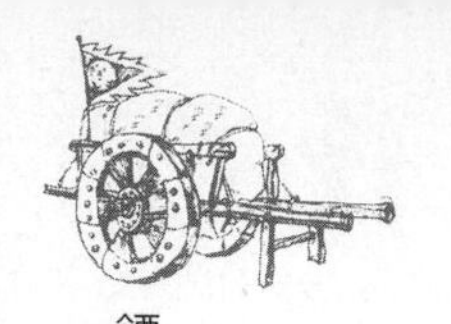

他隻身一人朝永定門外的馬家堡奔去。最後經過血戰，將趙六和手下的幾個形意拳高手全部打敗，爲許多人出了一口惡氣。

從梁振普救于雲娘這件事可以得出結論：許多人對鏢師有好感，無非是出於對其武德的敬仰與信賴，將其視爲武俠之輩。但從另一個角度來看，有武德的鏢師之所以被世人推崇，還有一個原因是他能將自己融進鏢局，和鏢局成爲一體。

鏢師的武德無非就是現代企業員工的基本道德素質，現代企業要求員工的基本道德素質裡第一條便是：要有團隊合作精神。

所謂團隊合作精神，就是指良好的人際關係和溝通能力，另外，每個員工都要有強烈的責任心。你要求擔當一定職務，就意味著你願意承擔責任，並展現了你有信心和有向上追求的勇氣。你要求擔當趟子手，那麼，你就要負起趟子手的責任；你是大鏢師，你就要對整個路上所發生的一切負責。

對整個中國古代鏢局史做一番回顧，就會發現但凡留下名來的鏢局師傅都是正直的英雄好漢。這並不是說，鏢師的正直就是個人道德素質的一切。但卻可以說明，如果不正直，一個鏢師是不可能在鏢局裡生存下去的。

在鏢局中，一個人的武德如何決定了他對於鏢局的價值。同樣，一個人的人品如何也直接決定了這個人對於社會的價值。而在與人品相關的各種因素之中，誠信又是最爲重要的一點。

河北籍著名當家人孫玉峰在雇鏢師時非常強調誠信，「我只雇用那些最值得信賴的明掛子。如果他不值得你去信賴，即使技藝再突出，也不可要。」

河南武舉陸葆在未做鏢師之前於京城同人比武，一不小心將別人打死。後來僥倖被赦免，但武舉卻當不成了，只好去作鏢師。

一次，陸葆護送一批銀子到老家河南，路上遇到盜匪，陸葆以高超武術連連擊敗盜匪數十次。當到達河南時，銀子卻少了一箱。陸葆謊稱只有這麼多，回京後，卻與當家人說了此事。幾天後，當家人將其趕出了鏢局。

事後，有人說，倘若不是陸葆，那批銀子早被盜匪搶去了，現在只是丟了一箱銀子，爲何要趕他走呢？

在這件事情上，似乎抽象出了兩個概念。第一，武術技藝；第二，個人品德。兩個概念發生了碰撞，在這樣的情況下，是要個人品德還是要武術技藝？那時很多人是難以明白當家人所爲的，即使是在現在，也有人很不理解爲什麼一個公司要把員工的道德納進自己的審核範疇中來。事實是，把員工的道德牽進來是爲了公司自己的利益。

什麼樣的員工才是現代企業所需要的員工

倘若你是一個企業老闆，當有人來你這裡應徵的時候跟你講，如果能雇用他，他就可以把在前一家公司所有有關資料帶過來。對這樣的人，即使他的技術水準要超出這個行業的其他任何一個人，你會雇用他嗎？可以想見，他既然可以在加入你的企業時損害先前公司的利益，那他也一定會在加入你的企業後損害你的利益。

在鏢局中，當家人爲什麼要把誠信放在武術技藝之前呢？難道他們會去衡量鏢師的誠信和他們的武術技藝而給誠信更高的比重？如果仔細研究，就可以知道。鏢局的衡量都在直接的工作目標上，並不會對誠信或武術技藝做直接的衡量。

但是，誠信的確是鏢局對所有人最基本的要求。當家人根本不會去雇用沒有誠信的人，如果一個鏢師發生了嚴重的誠信問題，他會立刻被逐出鏢局，並且通告各個所能通告的鏢局此人的劣行。

京城八大鏢局從創建到退出歷史，很少發生辭退鏢師的事情。在那些當家人看來，當鏢局非常重視誠信的時候，鏢師就會更值得信賴。因此，鏢局對鏢師也能夠完全信任，讓他們充分發揮自己的才能。

鏢師的武德是行俠仗義，值得當家人信賴，這就要求鏢師要有「正直、忠誠」的品德。並不是靠單純的武術就可以解決武德問題的。

有這樣一個故事，很能說明問題。一對返鄉的士兵在路上遇到了一個強盜。士兵甲膽小，馬上躲到一邊，而士兵乙則勇敢地迎上去，與之搏鬥，殺死了強

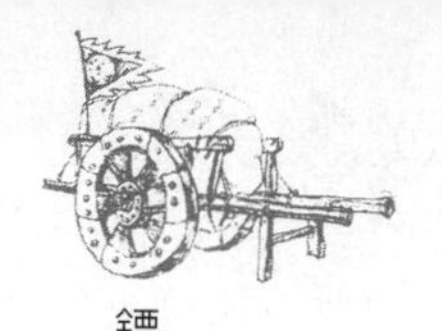

盜。

眼見強盜死了，士兵甲跑過來，抽出劍，並將外衣丟開，大聲說：「我來對付他，我要讓他知道，他所搶劫的是什麼人。」

這時，士兵乙笑著說：「我只願你剛才能來幫助我，即使只說些話也好。因為我會相信這些話是真的，更會鼓足勇氣去與強盜鬥。現在，強盜已被我殺死，你拔出劍來有什麼用？你說的那些話更沒意思。你只能欺騙那些不知道你的人。我親眼見到了你逃跑的速度，十分清楚你的勇氣是不可靠的。」

其實，你可以把這個故事看作是一個寓言。在生活與工作中，我們經常會碰到士兵甲那樣的人。當別人遇到艱難，甚至危險時，他袖手旁觀，而別人一旦取得成功，他就跳出來，假仁假義地說要幫助別人，這種人用我們的俗話說就是「缺德」。

在企業管理中，像寓言中那個士兵甲那樣的人就是企業中「缺德」的危險人物，其表現主要有七種：口是心非；無事不通；事事同意；多嘴多舌；僵化人格；佯裝無能；眞正無能。

作爲以拚命爲工作的鏢局，肯定要把士兵甲這類人踢出去。現代企業管理又何嘗不是這樣？許多公司在用人時都把「德」放在第一位，其實這就已經很能說明問題了。

當今企業中，一個團隊的員工首要的素質就是要有團隊合作精神，其次是值得信賴。倘若拿這些和當年縱橫江湖的鏢局對比，異曲同工。不同的是，鏢局的員工們用發達的四肢來爲當家人工作，而現在的「鏢師」們卻用頭腦在爲雇主工作。兩種個人品德，缺了哪一個都不可。

愛上你的保鏢生涯——喜歡上你的工作

也許，在不了解鏢局的人看來，鏢師這一工作就是武人的謀生手段，他們靠武術技藝吃飯，除了這一點，似乎沒有別的解釋了。但倘若看一看鏢師的武德，就應該能知道，他們並沒有把自己的工作只當成一種謀生手段。在行俠仗義裡，他們那份工作所展現出來的還是一定的社會角色，優秀的鏢師還把自己的職業當作是一條自我實現之路。

從小就進入鏢局，並爲鏢局立下汗馬功勞的著名鏢師李堯臣回憶說：「進鏢局首先得拜師傅。我的師傅名叫宋彩臣，師傅的師傅名叫宋邁倫，是清朝中有名的拳師。我在家學過太祖拳，乃是外功。鏢局子的人全憑一身功夫吃飯。我的功夫還不到家，拜師以後，首先是跟著師傅學武藝。先練拳術，叫做三皇炮拳。三皇也叫做三才，就是天、地、人。後練六合刀。隨後又練大槍，三十六點，二十四式。一十八般武藝，差不離都練到了。接著得練水上功夫。水裡得使短傢伙，分水攬、雁月刺、峨嵋刺、梅花狀元筆之類。水陸功夫學會了，就學使暗器。」

一般都知道，有些鏢行的人能使飛鏢，因此有人以爲鏢局的得名，就是因爲使用飛鏢的緣故，這實在是一種誤會。

所謂保鏢是指保送的財貨、銀兩，所以裝著財貨、銀兩的車輛就叫做鏢車；財貨銀兩被賊劫去，就叫丟了鏢。鏢局的鏢旗、鏢號，都是因此命名。至於飛鏢，不過是一種武器罷了。鏢行的人未見得人人能使飛鏢。飛鏢也叫斤鏢，因爲一個鏢的重量足有一斤重。斤鏢比較笨重，身上不能多帶。常用的暗器，還有緊背花裝弩、飛蝗石子。

學會了軟硬功夫，還得練飛簷走壁，躥房越脊。所謂躥房，是摸著房椽子頭，往上一翻，一丈多高，一躥就上去。落到房檐上，要輕輕落下，不能有動靜。越脊，是說越過房梁，在房梁上走，不能在屋瓦上行走。踩在瓦上，嘎嘣一聲，把瓦踩碎，別人就發覺了。因此就叫做躥房越脊、飛簷走壁。上了牆，照例要在牆上往下瞭望。

看看院子裡或花園子裡有沒有溝、井、翻板，有沒有狗；聽聽有沒有大人說話、孩子哭。有時還要用問路石試探一下，要沒有動靜，才能翻身跳下；跳下去也要輕輕落下，不能有響聲。

學會了飛行本領，還要練馬上的功夫。古來作戰，有車戰、水戰、步戰、馬戰，保鏢也得練習這四樣和敵人打仗的技術。因為鏢客在鏢車上，拿著長槍，就和古時車戰相仿。在船上水裡和敵人交手就是水戰了。步戰、馬戰，更是常有的事。

由此可見，想要愛上鏢師這一行，就必須要對「鏢師」這個工作熟悉透頂。對自己的工作環節瞭若指掌才能有機會愛上它，從來沒有不了解一件事情卻愛得發狂一樣的人。

鏢師喜歡耍武術，因此特長而成為鏢師。也就是說，他的工作是建立在興趣基礎上的。所以，幾乎每個鏢師都熱愛自己的工作。雖然有時候免不了刀光劍影，但因爲這是職責所在，他們根本不在乎。就像現在的員工會爲了自己的興趣而加班一樣。

鏢師們可以選擇自己喜歡的工作，而今天的我們呢？可以嗎？自然，做自己喜歡的工作，財源滾滾，是我們每一個人的夢想，但事實上，現實社會中會有無數種「無奈」阻礙我們追求心目中理想的工作。

我們大多數人工作都只是爲了養家糊口，或者是「用殺牛的刀去宰雞」，眞正能學以致用、發揮特長的工作是很難找到的。社會壓力加大，許多人根本沒有時間和精力去尋求新的理想的工作。

但這並不是有些人可以在工作中自我墮落的理由，雖然你無法選擇自己的工作方式，但是你完全有權利選擇自己的工作態度！

無精打采地過完一天和開懷大笑地過完一天是可以選擇的。你帶著愉快的心情上班，就會擁有美好的一天。你要記住的是，公司不是監獄。可有人在選擇工

作態度的時候，卻把公司變成了監獄。你自己創造了一座監獄，而圍牆就是你自己缺乏信心造成的！你還要記住，工作不是苦行僧式持續無休的熬歲月，而是你美好生活的組成部分。

在鏢局裡，無論是廚子還是趟子手，他們都在心裡有一種感覺：在鏢局，我與其他人都是同等的重要，當家人和總鏢頭對我禮貌是應該的。我對鏢局作出了貢獻，而且我有自己的事業和生活。

一個優秀的鏢局人員要有自知之明：我只是一個人，每次只能做一件事情。並且也要有自以爲是的心態：我有權利過和諧的生活，生活中並不全是工作。我有權利說「不」。無論發生了什麼事，對於我自己來講，成長和過上幸福生活是我的頭等責任。我對自己照顧得越好，就會對鏢局和其他人付出越多。所以，我有犯錯誤的權利。

每一個鏢師在遇到盜匪的時候，都會對自己說，「我完全有能力應付這件事，因爲它是我的工作。」

但當閒下來的時候，鏢師也會這樣想：除了護住鏢銀外，我還能夠選擇更多。鏢師們從來不會拒絕玩耍或者是較量武藝。他們會讓自己的客戶在信任自己的同時還能感覺到快樂。

現在企業培訓課程談到：「我們在任何時候讓別人快樂，都能使他留下深刻的記憶。我們不想遠離用戶，而是努力讓用戶既得到我們的尊重，又能融入到我們的快樂中來。我們要是做到了這一點，就會給用戶帶來快樂。讓用戶參與其中，微笑和美好的故事會在記憶裡留存很長一段時間。其他人的參與和『讓別人快樂』的工作風格又將直接引起更多顧客的注意。當你的注意力集中在給別人快樂上，就會產生一連串積極的情感交流。」

鏢師們在工作的時候一點都不能鬆懈，他們在路上行走時，渾身上下連毛孔都緊張起來。這就是一種投入。他們工作的時候必須要全身心投入，爲他們的客戶把銀子安全送到目的地。

在自我實現這一條路上，鏢師們不但在本職工作上盡心盡力，在工作之外還

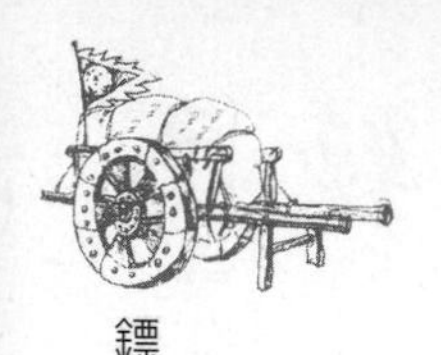

常有行俠仗義之舉。他們似乎明白，「沒有事業成就感的生活」就應該拒絕，並且從鏢師的工作中獲得最大滿足。

現在的許多人在工作和生活中遇到的一個難題就是：如何展現自我價值。而在一些著名的鏢師身上，我們可以看到，他們實現自我價值的途徑很簡單：熱愛自己的工作，無論是遇到多麼強悍的盜匪，都奮力向前；用武術技藝之道德來感染別人，做工作的強者，也做生活的強者！

行走江湖靠的是一個「誠」字——忠誠是一種美德

在清代一些著名的鏢局中，當家人是從來不提「忠誠」這兩個字的。或許，這些武人們在經過諸多江湖的驚濤駭浪後，已經有了對「忠誠」二字最好的感悟。他們能從鏢師的言談舉止裡看到是否有「忠誠」這兩個字。

一個優秀的鏢師不必讓當家人來講這兩個字，一踏進鏢局的門，這兩個字就應該，也必須刻在自己心裡。

閱覽中國鏢局的歷史，你幾乎找不到有鏢師會在路上將鏢銀獨吞而逃走的。那麼，是什麼將他們的忠誠度塑造得這麼高，乃至趨於完美呢？

難道所有的鏢師一進鏢局就會變成一個忠誠之人嗎？人性的弱點讓我們知道，這是不可能的。唯一的解釋應該就是：當家人與鏢師們的共同努力將「忠誠」二字永遠地刻在了鏢局發展史上。而一部鏢局發展史就是由千千萬萬位鏢師

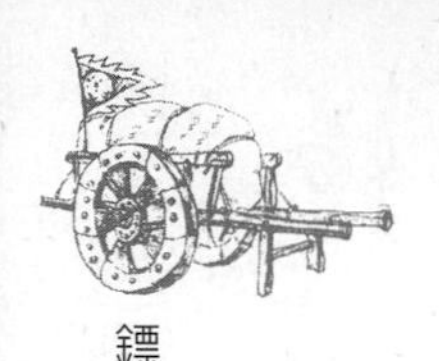

演繹的壯麗的忠誠史、英雄史。

以拳把式聞名「南七北六省」的山西人左昌德（江湖人送綽號「左二把」）二十五歲就在蘇州開設了玉永鏢局，一年後改爲昌隆鏢局。從此，他開始了保鏢生涯，走遍大江南北，曆三十餘載。在這三十多年裡，跟隨他的武林高手數不勝數，很有名氣的綿掌高手續仁政、王正卿跟隨其左右達二十多年。當他退隱的時候，底下的鏢師們要麼改行，要麼回家鄉養老，從沒有一個鏢師投靠其他鏢局的。

這就是忠誠度的一種表現，而左當家人跟人談起這件事時卻說，這種「從一而終」不好，人要吃飯呢，總得找自己熟悉的行業來賺錢啊。

倘若用現代的話來講便是，忠誠是一種職業的責任感，不是對某個公司或者某個人的忠誠，而是一種職業的忠誠，是承擔著某一責任或者從事某一職業所表現出來的敬業精神。

從社會學角度來講，忠誠是人類最重要的美德之一。而員工忠實於自己的公司，忠實於自己的老闆，與同事們同舟共濟、共赴艱難，將會獲得一種集體的力量，人生就會變得更加飽滿，事業就會變得更有成就感，從而，讓你的工作變成一種人生享受。

鏢師們對所保護的銀子忠誠無非是對自己的當家人忠誠，當家人接了別人家的鏢銀，他們便把這當成是自己的銀子，按照別人的指示送達目的地。

我們從舊派武俠名家鄭證因《鷹爪王》小說中的相關描述中，可以了解走鏢一般派出的陣容編制：「藍大俠遂把風門推開一線，見他們這次所保的是一批現銀，一共是十匹騾馱子；每匹騾馱子是四個銀鞘，四萬銀子共裝四十個銀鞘，住到店中，得卸下來。護鏢的是八名夥計，兩位鏢師，一名趟子手，鏢主竟沒跟隨。」

也就是說，四萬銀子的鏢所使用的人力是兩名鏢師（主力）和一名開路的趟子手，還有十名夥計。

也許有人很難理解，在企業中員工忠誠度的重要性。在許多老闆眼裡，員工只需要做好自己的本職工作就可以了。大家只不過是萍水相逢，「你做你的工作，我給你應得的薪水」，分合自便。但是，有些老闆認識到員工對自己忠實的重要性，卻不知道怎麼做才能達到目的。

威・梅森在其著作《埃爾弗里達》中說，忠誠永遠是一種美德，它甚至會使受奴役本身變得崇高。這句話似乎就是說給員工聽的，一位並不懂管理的作家為什麼能說出這樣的話來呢？

難道忠誠眞如他所說的那樣，能「使受奴役本身變得崇高」嗎？看來，鏢局中員工的忠誠度是不能用我們今天的眼光與心思去揣摩的。

忠誠：東西方的差異

西方人對忠誠的理解與認識在我們中國是否適用，適用到什麼程度，我們並不想深入探討。但在我們中國，「忠誠」自古以來就被人當作是美德中至為重要的一個。「臣事君以忠」絕對是每個皇帝夢寐以求的事。可君往往會忽略上一句：「君使臣以禮。」

倘若能明白這個道理，就能明白鏢局鏢師們的忠誠度是怎麼來的了。當家人從來不會把自己當作雇主，他們把自己的鏢局生意看作是上上下下所有人的家。而為這個家，每個人都應該做點什麼。他這個家長無非是在別人做事的時候，在一旁點頭稱讚或者是搖頭，讓其把事情做得更好。

當家人將鏢師們當作是自己的兄弟，這可能和同是江湖人有關係。他們的關係絕大部分是建立在「有衣同穿，有飯同吃」簡單但卻可以感染鏢師們的理念之上的。在血性面前，所有的武人都會為這八個字激動、奮力向前。這似乎是一種文化影響力，只不過要比現在的許多企業的企業文化有效得多。

現在，每個企業都想得到一批忠誠度高的員工，為企業效力。但員工往往讓他們失望。許多員工一味強調先得到後付出，那麼，「先付出後回報」的觀念就成了一種空想。畢竟，現在的員工是不可能如當年的鏢師們那樣抱著八個字跟你打拚的。因為你們根本就是兩路人，你是昂首挺胸的雇主，他是低眉垂目的受你

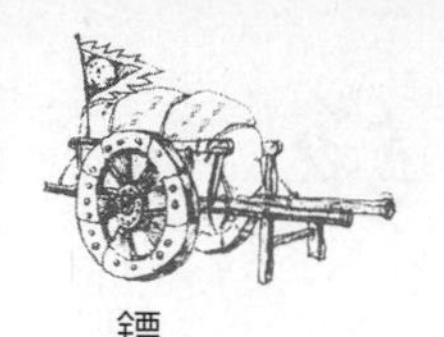

剝削的員工。

當作爲老闆的你在氣急敗壞地叫喊員工不忠誠的時候，你捫心自問：你和你的企業對員工忠誠嗎？你能像鏢局的當家人那樣跟鏢師「打鬧」武藝，平起平坐，同吃同睡嗎？你能把所有人賺來的錢按照很平均的分配方式分配嗎？

當然，這樣的要求，對一個現代企業老闆來講無疑是天方夜譚。因爲追求利潤最大化已經是每個老闆心裡的第一目標了。可你要記住的是，利潤最大化實現的前提是：你要有一個優秀的團隊！

即使學不來當家人那種方法與理念，讓你的員工有最高的忠誠度，你還有別的方法。在你知道這種方法之前，你應該知道兩點：用報酬贏得員工的忠誠是幼稚可笑的；以強制手段維繫員工對企業的忠誠往往會適得其反。只有當員工內心深深感受到企業對他的工作、生活及未來的眞誠負責時，他才會與企業實現心與心的交換，他的忠誠度才會提高。

企業對員工的忠誠就是企業對員工工作和生活的眞誠負責。如保護員工的就業穩定、給予合理的薪資和福利、提供成長學習的機會，幫助和促進員工個人發展等。

廣盛鏢局的第一代當家人戴隆邦的鏢局生涯可謂是跌宕起伏，在興辦鏢局三年後，因爲被盜匪搶去了一大筆銀子而被迫關門。跟著他的鏢師們都以爲他無法東山再起了，只能鬱悶地待在家裡，準備去尋另一份工作。可戴隆邦居然兩次將送銀兩到這些人的家裡，關懷備至，並對他們說，鏢局很快就會再起。

三個月後，所有鏢師都回到鏢局，廣盛鏢局再度崛起。這位當家人贏得了鏢局上下的忠誠度！

忠誠是相互的

眞正的當家人都明白一點，鏢局應該主動對下面的人忠誠。他們明白，自己和鏢師們的相互忠誠相比，自己對鏢師們的忠誠更具主動性。鏢師進入鏢局後，當家人所辦的鏢局對鏢師的態度與鏢局的方針等，即向鏢師們表明了它對鏢師們忠誠與否的態度，這種態度將直接影響鏢師們對它的忠誠度。

拿到現在來講，倘若一個企業人力資源開發與管理的方針、政策、制度都顯示出只把員工當作花錢雇來的工讀生，對其招之即來，揮之即去，或者只想讓他們多貢獻、少獲得，對他們的就業安全、職業生涯及個人發展全然不予考慮，那麼你根本就不可能贏得員工對你的忠誠。在如此情況下，只要有可能或條件具備，員工就會選擇離開。倘若你能把員工當成必須依靠的、互助互利的合作夥伴，實實在在地對他們投以忠誠與負責，那麼，他們也就會「報之以李」了。

倘若一個優秀的老闆僅僅知道這些，還是不夠的。從社會學角度來講，忠誠是一種美德。而當你把這種美德拿到管理學上來的時候，你就必須建立一套制度來制約它，讓它變成社會學上的美德。

這就涉及了對員工忠誠度的管理。

當家人在選鏢師的時候，雖然把「武術技藝要好」看作是鏢師入局的重要因素，但還有一條是不可或缺的，那就是，在選的時候，總是「以忠誠度爲導向」

的。

挑選鏢師，作爲鏢師忠誠度全程管理的第一站，是鏢師進入鏢局的「篩檢程式」，其「過濾」效果的好壞直接影響著後續階段忠誠度管理的難度。因此，所有當家人在挑選鏢師的過程中，都是以忠誠度爲導向的。

當鏢師進入鏢局後，就開始對其進行忠誠度的培養。鏢師對所進的鏢局滿意與否直接影響著其對鏢局的忠誠度，倘若一個鏢師對鏢局不滿意，你無論如何是培養不了他的忠誠度的。所以，培養鏢師的忠誠度首先要提高他們的滿意度。

當家人經常會將一些富有挑戰性的壓鏢任務交給那些武藝好的人去做，並儘量提供給他們舒適的練武環境。

據清末鏢師李堯臣說：「當時鏢局的收入並不多。拿護送晌銀來講，一萬兩銀子也就能收入五十兩。保鏢的人，每個月也就掙四五兩銀子，頭兒們也多不了多少，七兩二錢銀子，那就是最多的了。」由此可見，在薪酬設置方面，鏢局是最合理的。一個鏢師如果做好了，就能升到總鏢頭，這種公平透明的晉升制度讓許多鏢師工作熱情高漲。

但是，滿意度高並不表示忠誠度一定高，要建立高忠誠度還必須培養他們的歸屬感，讓他們感覺到自己是鏢局不可或缺（儘管事實上可能並非如此）的一員。

隨著鏢局的發展和鏢師素質（如在當家人指點下，武術技能、需求層次）的提高，以及環境因素（如家庭、經濟週期和其他鏢局高薪誘惑）的變化，維持他們忠誠度的條件往往也會隨之變化。這就要求當家人及時發現這些變化，並有針對性地做出令他們滿意的調整。

現代企業管理上有一個術語叫離職潛伏期。從企業管理角度來講，離職潛伏期是員工離開企業的最後一道「閘門」，所以作爲老闆，必須要盡力採取有效措施，挽救員工特別是關鍵員工的忠誠度，防止人才流失。

倘若眞的無法挽留了，那麼，鏢局的當家人對離開的人也絕對不會怒目相視，而是笑臉相送，因爲在江湖中，特別是鏢局行業，大家都是抬頭不見低頭見的。

從上可以看出，三個階段的鏢師忠誠度是不同的，所以其管理方法也是不同的。而這三個階段的忠誠度管理必須要協調發展，同步提高，才能最大程度地發揮忠誠度管理的「威力」，用現在的話來講就是：最有效地提升企業的員工忠誠度。

忠誠是一種永遠的品質，也是永遠的美德。員工的忠誠對於老闆來講更是一種至高無上的美德。但問題是，你有沒有能力將這種美德在你的員工身上保持下去。

鏢局的當家人從來不會埋怨自己的鏢師對自己不忠誠，當發生這種情況時，他們只冷靜地思考自己是不是還有地方做得不夠好。

現代企業管理者也應該有這樣的認識。你要知道，「忠誠」這個詞永遠都是神秘而又受人關注的。有人會說，忠誠是一種我們應堅持的美德，但同時也有人會把它看成是一種愚蠢，你不能說後一種看法沒有道理。因爲許多員工都明白：自己的忠誠到底是什麼要看自己把它給了誰！

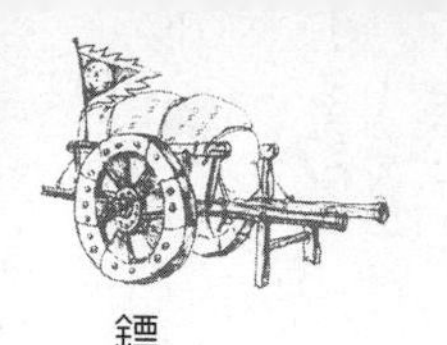

毋庸置疑，沒有人願意變成老闆的工具。不幸的是，相比之下有一大批的公司員工，儘管他們有競爭力、有工作能力、有出色的工作業績，卻被無情地拋棄。

這是為什麼？原因很簡單：員工並沒有找到一個可以真正理解、接受他忠誠的主人。對於許多老闆而言，你的努力不過意味著你是一個永遠不會背叛的膽小鬼，他們更會利用你的不懈奮鬥當成個人財富積累的基石。在一個得不到榮譽和尊重的環境裡，除了一天天地變老，別無所為！所以，當你明白員工心中想的是「信任、欣賞、尊重我的人，才是我內心深處忠誠的主人」的時候，你該做什麼，你應能知道。

所以說，「忠誠永遠是一種美德」這句話不僅僅是說給員工聽的吧！

「坐池子」——機動靈活的員工才是好員工

「走鏢，是鏢局頭一項最重要的買賣；還有一項重要的買賣，就是看家護院，也叫『坐池子』。當時社會治安不好，善通百姓不敢單獨出門走路，有賊人攔路行搶，就是城裡也不太平。所以當時的大宅門、大商號都得有看家護院的。這些看家護院的，不是他們自己雇用的，一般都是和鏢局子接頭，由鏢局子派人前往坐夜。」

這是李堯臣關於鏢局副業的之一「坐池子」的論述。

「後來外國人到中國辦了很多洋行、銀行，他們也請鏢局子的人去保護。前門大柵欄、珠寶市一帶的商號，後來組織起來，辦了商團。就由商團和會友鏢局接頭，替他們守夜。當時會友鏢局每天晚上派出守夜的師兄師弟，總有不少人。如華俄道勝銀行就是由會友提供保護。大宅門找會友護院的不少，最有名的就是

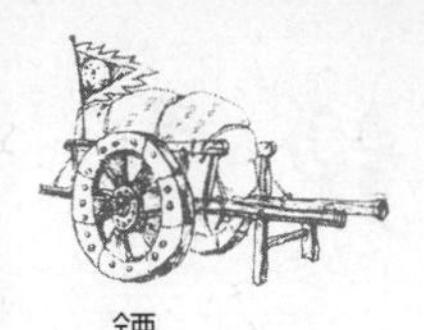

李鴻章了。」

走鏢需要學問，「坐池子」自然也馬虎不得。大部分鏢師們使用如下武器：張飛用的丈八蛇矛；關羽所用的青龍偃月刀；《西遊記》中沙和尚用的月牙鏟；最厲害的兵器掏心爪（長矛爪）；二郎神用的三尖兩刃刀，像梳頭發的梳子；程咬金用的板斧；呂布用的方天畫戟；最沉的八棱錘是李元霸曾經使用過的；《水滸傳》中解珍、解寶兩兄弟用的三方（股）叉；花和尚魯智深用的流金鏜。

這些武器有兩個好處：第一，在武林中有「一寸長一寸強」的講法，而這十八般武器正好應了這句話；第二，鏢師們在坐「池子」的時候，選用這些武器恰好映襯了自己的威武，讓盜賊不敢輕易冒險。試想，一個彪形大漢，身邊倚了一對沖天大錘，先不看此人有多少本事，單那大錘就能把心懷不軌的人嚇跑。

按鏢局的行話說，走鏢的叫「唱戲的」，護院的叫「坐池子」。到了晚上，沒有出去「唱戲的」就在當家人的安排下，輪流去大宅門坐夜，或者到大商號坐店。那時北京城裡無論達官貴人，還是商鋪洋行，一般都會請鏢局的人坐夜、坐店。

在清朝末年，京城大字號都雇有鏢師坐店，坐店就好像現在有些公司請保全。大字號的買賣上路以後，大宗運輸當然都要請鏢行了。

許多高官為什麼要請鏢局看家護院呢？其實原因很簡單，鏢師和強盜在江湖上打過交道，如果強盜真的來了，有鏢師護院，往往三言兩語就能圓滿解決，化干戈為玉帛。

但是假如依靠護衛、巡捕乃至禁衛軍來護院，遇到強盜很可能話不投機，反而惹出麻煩。江洋大盜只管江湖道義，絕不會管你戴了幾品頂戴花翎帽。

李堯臣就說，自己鏢局的鏢師就經常給李鴻章護院。當年的李鴻章權傾一時，他手握驍勇善戰的淮軍，為什麼要請鏢師做護院，除了上面一個原因外，還有一個原因，就是接受了曾國藩的教訓。

曾國藩在攻破南京、平定太平天國以後，就要進京受封討賞。由於沿途道路很不太平，撚軍又在四處找他報「太平天國」之仇，他就帶了數量並不太大的親信衛隊進京。

想不到這一舉動讓慈禧疑心起來，在養心殿接見曾國藩的時候她第一句話並不是慰問之語，而是冷冷地問道：「你進京時候帶來了多少人馬？」

曾國藩誠惶誠恐地回答，只帶了少量親兵。但慈禧依舊很不高興。曾國藩回到館所以後心神不定，以爲大禍將至。雖然後來只是虛驚一場，但他還是擔驚受怕了許多日。所以，李鴻章汲取他的教訓，進京的時候不帶一兵一卒。在北京的住所，請了會友鏢局的鏢師來維護自家的治安，後來又當了會友鏢局的名譽東家。

無論是看家護院，還是行走在路上，鏢師們都是竭盡全力地完成當家人所交付的任務。雖然，對於鏢局來講，「坐池子」只是一副業，但從鏢局「坐池子」的相關敘述裡，只見到了他們的忠誠，從來沒有見過他們因爲是副業而鬆懈不付出努力的記錄。

宋人朱熹曾說過這樣一句話：「敬業者，專心致志以事其業也。」一位幾百年前的老先生，居然能將敬業闡釋得這麼透徹是多麼的不易。

或許，從他的這句話中和鏢局「坐池子」的事情中，我們可以得出這樣一個結論：無論是在我們的生活還是工作中，對待本職工作，常懷敬畏之心，專心、守職、盡責，做一行、愛一行、鑽一行，盡心竭力、全身心投入才是根本所在。要精其術，不拘泥於以往的經驗，不照搬別人的做法，沒有做得最好，力求做得更好，成為本行業的行家裡手。

中國人往往都有「人生不滿百」的感歎，鏢師們或許也有過這樣的感歎，特別是因為他們整天在刀口上過日子，可能對世事無常有更深的體會。那麼，他們也應該明白，短短的一生，做的也就是那麼些事。所以，做一件事情，幹一項工作，就應該有「創造一流，力爭優秀」的氣魄。要竭其力，對待事業要有愚公移山的意志，有老黃牛吃苦耐勞的精神，著眼於大局，立足於小事，眞抓實幹，務求實效，努力在平凡的崗位上做出不平凡的業績。

我們從沒有搜尋到鏢師對自己的工作不熱愛的記載，他們自己可能不知道什麼叫樂業，但他們卻用實際行動給我們現代企業員工做了一個非常好的榜樣：對

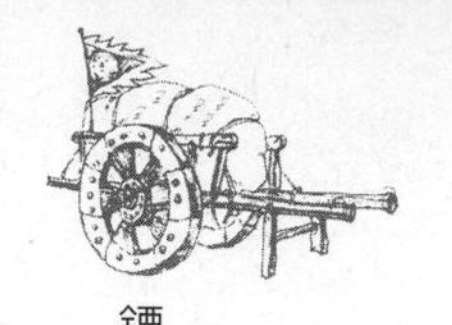

工作有熱情、激情，始終保持良好的精神狀態，把承受挫折、克服困難當作是對自己人生的挑戰和考驗。在克服困難、解決問題中提升能力和水準，在履行職責中實現自身的價值，在對事業的執著追求中享受工作帶來愉悅和樂趣。

這就是鏢師們的信仰，一群武人的信仰。他們不會因爲慈禧給中國帶來的無數災難而放棄自己的本職工作——保護別人或者別人的財產不受損失，在這些看似沒有頭腦的鏢師心裡，作爲一個鏢師，自己只是在做好自己的本職工作而已，並且，他們想的是：「我從心裡喜歡我的工作。」

第三章

行規需要道上的朋友一起來維護

江湖有江湖的規矩，行業有行業的規矩，作為一個團隊的老大，你不僅要知道這些規矩，還要懂得如何運用這些規矩來為自己創造輝煌。當今企業的領導者應該明白，想要讓企業獲得最佳的生存狀態，就必須遵守這些規矩。但絕對不是被動的遵守，而是順應行規，讓行規反過來為自己服務。江湖不相信眼淚，市場也不相信，所以，掌好你的舵，按照行業規矩踏踏實實地走。

行規重於泰山——遵守行業規範

什麼是行規

所謂行規，就是指沒有文字記錄的文字，是讓圈內人一切「盡在不言中」的鬼符。齊如山有篇《鏢局子史話》說，鏢師們完全是「硬碰硬全憑字號」。顧客委託鏢行保鏢手續非常簡單，他們送去的被保護運輸的銀子連收條都不開。而且商家送去的銀子往往就是用麻布包裹縫好，掛一個布條，寫明送交某處某字號收，下面書明某號託字樣。

鏢行不僅不看銀子的成色，而且連秤都不過。包裹也不加封。如果鏢行私自打開換入假銀，也無證據。這裡不是靠制度而是完全靠信譽。齊先生說自從有鏢局以來，從沒有聽說顧客用假銀子訛詐鏢局子的事情；也沒有鏢局子偷換銀子的事情。這就是江湖上最高道德——信義，也是行規。

在進入正題前，我們還是思考一下所謂行規的概念。先從這樣一個問題開始：可以殺人嗎？白癡都知道不可以。但是，如果是一個士兵，偏巧又在戰場上。那麼，就不僅有了可以殺人的理由，而且還有了應該殺人的責任，將因此成爲職業殺人者。

可是，雖然情境和職業發生了變化，「不能殺人」的基本原則卻依然成立。戰爭和士兵的職業只是爲殺人提供了可能的前提，而任何一種形式的殺人卻都是必須要有充分條件的。

因爲「不能殺人」的原則才是人類社會最基本的規定和公理。因此，即便獲得了殺人的理由或承擔了殺人的責任，殺人也是必須有原則的。不然，這種理由和責任仍然違背了人類必須遵守的基本規則。

可問題就出現在這裡，「限度」是很難規定的。「限度」規定的困難構成了能否殺人之間的曖昧性，即構成了特殊職業規則和抽象普通規則之間的衝突。在這種例子中，曖昧和衝突的結果顯然是極其可怕的，它關乎生命的價值和權利。

然而，也只有在這種近乎極端的例子中，我們才能看清規則之間的衝突所可能甚至必然產生的危機後果。因爲我們往往會因此無法決定究竟是服從職業和規則，還是遵守普遍的原則。

這也就是法律與行規之間的尷尬，比如說，當你進入一家飯店的時候，你可能會看到牆上貼了一張告示，那上面會寫著幾個字：禁帶外食，或者是：不得浪費，違者罰款。

這就是行規，所有的飯店都這樣做。你雖然覺得浪費不浪費關你屁事，但你一旦進入飯店用餐，你還得遵守這些規矩。

飯店不讓客人帶外食從法律角度來講，是違法的。但按照飲食業的行規，它卻是正確的。而且，很多時候，你也不會因爲這麼一句話而鬧上法庭。

所以，行規的存在是在別人容忍以及同行的溝通、確定基礎上產生並成立的。

鏢局的行規有很多，在內部，它讓所有人都要團結並聽從當家人的指揮。在

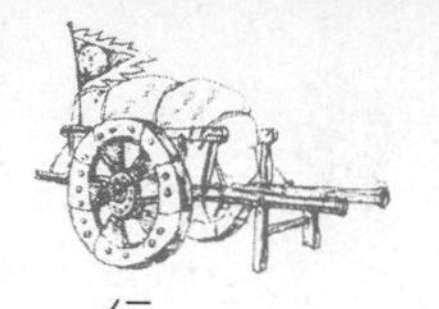

外部，它還有一套複雜而繁多的規矩。

鏢局的鏢師一旦犯了錯，比如說，與賊的關係純粹屬於私人關係，並在這種私人關係上讓鏢局蒙受了損失，那麼，鏢師必須要被掃地出門，而且，通告所有鏢局，不允許收留此人。

這是鏢行規矩，也是對鏢師的一種變相「壓制」。

在清朝時，各行各業都有自己的行規用來標明歸屬。《江湖叢談》裡介紹說，打拳頭、跑解總曰「爪子」，突出手藝二字。其源實始於古人本能「爪子牙之利」或「爪牙之臣」的說法，或借用「手搏」、手臂等說。故對專門賣拳藝的人稱爲「邊爪子」；這是指二人以上說的。至於一人賣藝則稱「扁利」。由此可見，行會名分之細。

鏢行普遍有這樣一個認識：武功好架不住人面廣。

八大鏢局之一規模最大的會友鏢局在南京、上海、西安、天津等地均設有分號，知名的拳師和工作人員有千餘人。他們所以能通行南北，一是得到了政府的支撐，二是各水陸碼頭的幫會組織，沿途綠林好漢，豪門縉紳，武林高手均給其開綠燈。

他們只受到一種威脅：吃手米飯的強賊，因爲這些人六親不認，意在奪取財寶。他們可不管行規是什麼。

在這種時候，鏢師們只能有兩種選擇：第一，希望強賊們能認同這個行業的規矩，盜匪、鏢師本是一家，大家你好我也好。倘若不成，那就用第二種方法：以武力來解決問題。

從這一行業規矩可以看出，鏢局是一個上通官府，下結綠林，與官府、綠林形成三位一體的有機組織。他們之間互相利用，互相幫忙。如綠林好漢、江洋大盜，一旦因事來到都市，便住在鏢局裡，若非國家強令捉拿的要犯，偵緝人員就會睜一隻眼，閉一隻眼，放棄監視。綠林好漢、江洋大盜們離開都市時鏢局還要將其護送到安全地界，並贈厚禮。所以在鏢行中師父除傳授徒弟武藝外，還要教江湖上的行規以及一般的交際禮節。

禮：最基本的行業規矩

在古代江湖中，待人接物時，都是以禮爲先。

作禮的目的，一是表示個人心胸坦蕩，謙虛謹慎；二是偵察和發出聯絡訊號。比如在走鏢途中，進街時，刀把朝前；進店後，刀把朝後。出店時刀把朝前，出街時刀把朝後。

如果有強人要看刀，鏢師必須要用大拇指將刀挑起，刀刃朝外，這是警惕非常，具有防禦性的禮節，使對方拔刀後不能作勢。即使和強人眞的交手，也要遵守「以武會友」的行規。在交手前，爲了首先摸清是否一家，先站開成馬步，隨即將左拳橫置右掌虎口中，掌心向外與胸齊高，先退後三步，再進半步，而後道聲「請」字。

對於「禮」，中國是最有資格說話的。早在人類狩獵時代，人類就已經知道要有禮貌，因爲在打獵時，打獵者相互間必須保持適當距離。隨著人類歷史的前進，隨著社會經濟、政治和文化的發展，人際交往日趨頻繁，社會生活更加複雜和多樣化，「禮」也不斷豐富和發展。人們相互往來，要講究禮節，注意禮貌，遵循一定的禮儀規範行事，使社會生活有序地、和諧地進行。禮節成了人們社會生活中不可缺少的東西。講究禮節、注意禮貌、遵守一定的禮儀規範，已成了現代文明社會生活的一項重要標誌。在現代生活與工作中，人們之間相互來往更加注重禮節。即使是豪門巨富、達官貴人，在對待隨從侍者、僕役時，有時也說「請」，「謝謝」，「對不起」等客套話，以顯示自己的教養不俗，維護表面上的平等。

鏢師們也是如此，但鏢行的規矩看似是禮，其實是借舉手之機，先封護好自己門戶，有著保護自己的作用，一旦遭襲擊，就可立刻變勢應敵，這是習武者必備的戒心。

鏢師在押鏢途中，如見到路面被破壞，或撒有蒺藜及其他障礙物時，就會意識到有敵人伏擊，立刻告訴其他人將鏢車圈在一起，亮出刀槍，守住鏢車四周。

接著，鏢師就會按照行規，放下自己的武器，徒手走向敵人談話。

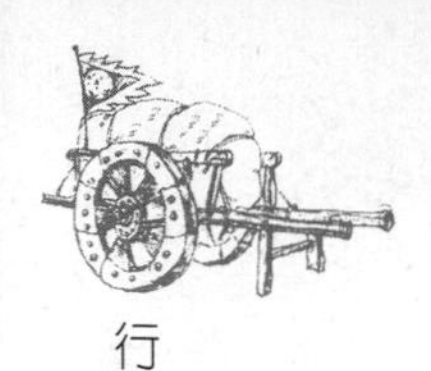

談話內容大意是，攔路搶劫者問：「吃的誰家的飯？」鏢師回答：「吃的朋友的飯。」搶劫者會再問：「穿的誰家的衣？」答：「穿的朋友的衣。」

另外，某些細節上的行規也很有意思。住在棧內的同行道人，早晨一律不搭話，唯恐開大快，即「大忌」的意思，若有人「犯」了，就要賠償一天的用費。黃昏回寓後，就可以縱談天下之事，不受行規的約束了。又如出門時包袱口向外；歸家或在人家久住，包袱口則向內。住店時吃飯無錢，就把筷子放在菜碗上，內行店家一望便知，而後再經過問答，進一步證實以後會得到資助。

幾百年前的鏢局是個很特殊的行業。在許多武俠小說中，往往將鏢局劃爲江湖武林一脈，其實，由上可以看出，鏢局既同綠林有來往，又同官府有關係，其利益決定了它的性質。

在官和民之間，鏢局周旋其中。許多情形確實是如此，這也就是鏢局與強盜講行話後互不殘害的淵源了。即使年深日久，變遷頗多，以致派別雜亂，混淆不清，但大旨大概如此，也就成了江湖上公認的行規了。

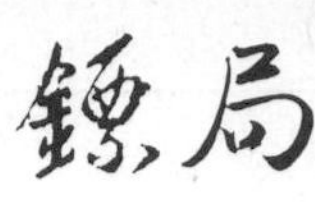

現實生活中的行規

可這樣來解釋某些特殊的「行規」：某行業約定俗成的各種潛規則，由同行的人共同遵守。它以一種「隱性」的狀態存在於我們的周圍。許多人都把「行規」與規則相對，規則起作用在於明處，「行規」起作用在於暗處。

在一些人眼中，「行規」往往會鑽規則的漏洞，打規則的擦邊球，把規則庸俗化。規則的標準是公開、公平、公正，「行規」的原則是在規則的掩蓋下謀取利益的最大化。對事情結果的影響，「行規」的作用往往能夠超越規則，其後果是導致無法實現眞正的公平和公正，使秩序混亂、競爭無序、惡習成風、公眾受騙、事業受害。

各領域「行規」的複雜程度是不同的，要突破其形成的圍欄比較困難。這一方面是因爲「行規」具有較強的隱蔽性，不被揭出老底兒，誰都不願承認；另一方面，「行規」使不少圈裡人成爲既得利益者，共同的利益使他們形成難以打破的聯盟。

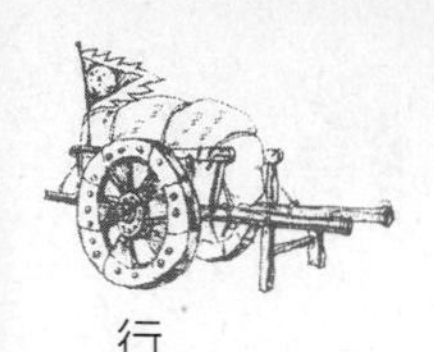

許多人都認爲，對待某些黑色的「行規」，一方面，要弘揚正氣，教育引導和鼓勵人們有責任感和社會良知，勇敢地站出來揭露這些「行規」，同時暢通群眾監督、輿論監督管道。另一方面，完善制度，儘量減少和避免各種規則的漏洞，以健全的規則擠壓「行規」存在的空間。

有些「行規」是落後的、庸俗的、沒有一點好處的。我們需要一種「行規」，一種如鏢行那樣「做起事來順暢，在利己的同時不損人」的行規。

不要小看「鏢號」——打出你最好的牌

在談鏢號的傳說之前，應該解釋一下什麼是「鏢」，它是怎麼來的。爲什麼不叫「斧頭」呢？保「鏢」和保「斧頭」從字意與本質上是沒有什麼區別的。還是要先從《金瓶梅》談起，明代成書的《金瓶梅》中鏢行、鏢船均作「標行」、「標船」。清代文獻中，《游梁瑣記》中的鏢隊寫作「標隊」，《新齊諧》中的保鏢寫作「保標」，《客窗閒話》中的鏢客寫作「標客」，而在《天祿識餘》中，也有寫作「鏢客」的，但爲數較少。到清末，梁啓超在其《中國地理大勢說》中仍將其寫作「標客」：「燕齊之交，其剽悍之風猶存。至今響馬標客，猶椎埋俠子之遺。」也就是說，明代有關鏢行事物用「標」字；入清後「標」、「鏢」間用，但仍以用「標」字者居主；民國以來，則均改用「鏢」字。也就是說，這是一例同音假借現象，也就是通假字現象。

知道了這一點，我們才能繼續下面的內容，關於鏢號的傳說。

鏢號與張黑五

《江湖叢談》中談到：春點、寸點、唇點皆江湖的隱語，俗稱黑話，是通過語言訊號作爲江湖上人彼此聯繫的一種特殊手段。它與禮節、行李、包袱的捆紮和放置方位，茶具、食具的擺設，個人的行、止、坐、立姿態相互輔用，表示主、客兩方心願的意圖，最終通過隱語爲鑰匙打開雙方的心扉。舊話雜亂，故以「唇典」正名。

唇與春、寸音近，故統一爲唇；行話既全國一致，或大體相同，並且爲同道所信守不移，因唇字更加貼切，故稱之爲唇典。

而鏢號正是這唇典裡的一種。所謂鏢號，是鏢行走鏢行程中用以防禦劫掠、向匪盜請求放行的一個方式。鏢號的基本發音，有的寫作「哈武」，有的寫作「喝唔」，也有寫作「合吾」的，寫法用字略多分歧，但其音大體相似。

據說，鏢號的由來跟第一個中國鏢師張黑五有關係，因為「黑五」二字叫起來就是「合吾」的諧音。也有人說，鏢號的語義應該是「赫武揚威」四字中「赫武」的諧音。也許，比較貼切的解釋應該是《江湖叢談》裡的解釋：「這合吾兩個字，是自己升點兒，叫天下江湖人聽。『合吾』，是『老合』，凡是天下的江湖人，都稱為『老合』。喊這兩個字兒，是告訴路上所遇的江湖人，吾們是『老合』！喊這兩個字喊到『吾』字，必須拉著長聲。」

鏢號的喊法、變化，因具體環境和情況而改變。據李堯臣介紹，北京會友鏢局喊鏢號是這樣的：「按著鏢行的規矩，走鏢沿途要喊鏢號，也叫喊趟子。因此，走鏢也叫做走趟子。鏢行的短號，就是『合吾』二字。喊法又有種種不同。如在住店或過橋時，喊『合吾』二字抑揚迂回拖得很長，這叫做『鳳凰三點頭』。平時所喊『合吾』二字，就比較短促，有時就是簡單兩個拍子『合、吾』。保鏢的喊『合吾』，盜賊也喊『合吾』。路上遇見盜賊，雙方談妥了，他准你過去以後，他就高聲減一個『合吾』。這時埋伏在附近的盜賊聽見以後，也要回答一個『合吾』。有幾個賊，就要喊幾聲『合吾』。有時盜賊趴在地上，遠遠的看不見，但爲首的這個賊喊了一聲『合吾』以後，就聽見遠遠的『合吾』『合吾』地一聲接著一聲。賊人要是多，『合吾』聲就接連不斷，喊上好大的工夫。」

一種軟廣告

鏢號往往因鏢局不同而有區別，成爲一種特定的鏢局字號識別符號。這一現象，是鏢行推行軟鏢手段的產物，目的在於向有交往的、被贖通了的匪盜團夥打招呼，提醒他們彼此的默契關係，以免誤會衝突。

這樣看來，鏢局的鏢號其實是一種廣告方式中的軟廣告。一個團隊需要別人知道，更需要別人幫助自己，即使不幫助自己，也不要擋了自己的路。

鏢局的鏢號是這樣產生的，而現代企業團隊的軟廣告又何嘗不是呢？

在廣告學理論上，有些媒體刊登或廣播的那些新聞不像新聞、廣告不像廣告的付費文章，通常被業界稱爲「廣編稿」。其特點是這些廣告或以人物專訪的形式出現，或以介紹企業新產品、分析本行業狀況的通訊報導形式出現，均被稱爲企業的自我吹捧文章。

鏢號是讓人「讓」出一條路來給自己走，並且在無形中讓人知道自己的鏢局。而軟廣告無非是讓人知道自己的產品，並在潛移默化中讓人認可自己的產品。

鏢車上路以後，到了所謂的不安全地界就要喊鏢號，目的是向賊匪打個招呼「合吾」就是說，跟我合得來的，能交上朋友的，夠朋友的，那麼，你記住我的鏢局，請不要劫了。

山西形意拳協會的李育人講，喊鏢號的時候氣必須足，你不能沒有底氣，「合吾」聲拉得很長很長的。前邊隊伍拉得很長，這邊喊那邊接上，那邊喊這邊接上。前呼後應，迂回曲折，很是悠揚。

據說鏢號喊的時候很有講究，一般情況下音節比較短促。碰到特殊情況，

「合」字音調要儘量提高，拉長。比如：逢橋遇坎，住店打尖，或者前有人馬，是敵是友，情況不明，這時「合」字要儘量拉長，「吾」字落音更要特別提高，這叫「撂牌子」。撂牌子還有個好聽的名目，叫「鳳凰三點頭」，如果對方是「自己人」就會短促地回答一聲「合吾」，這叫「接牌子」。

由此可知，鏢局的鏢號不是誰都可以喊的，也不是隨意就喊出來的。

今天的企業自然用不著像古時鏢局那樣四處大喊自己的企業是什麼，他們只需要用傳媒這種工具就能把自己的「鏢號」喊給世人聽。

路上要懂規矩——企業生存的前提

可以知道的是，保鏢行業是頗具武林及江湖文化色彩的特別行當。既然是一個行當，它就不可避免地自然產生並傳承著獨具本行業特點的各種行業規矩。在具有行業規矩這一點上，並無例外或「特別」。縱覽鏢行諸規矩，其突出的行業特徵，是以防禦奪鏢爲核心內容的。也就是說，鏢行規矩，大部分都是「在路上」而形成和操作的。

那麼，一個團隊「在路上」的規矩，也就是「在經營」中的規矩到底該如何來規定才能最有利於團隊的發展呢？

現代許多企業在經營中的規矩最重要的一條就是：「顧客是上帝」。日本一位高級經理曾說：「如今，高品質是不言而喻的事。關鍵問題在於，高品質的產品要輔之以同樣高品質的服務。」這樣的服務包括縮短供貨期，免費諮詢。這是日本公司在世界市場上取得成功的關鍵因素。他們似乎很懂自己的企業「在路上」的規矩。

將公司關心的目標對準顧客的利益，把顧客的滿意程度當作經營的首要目標。一般來說，確定這一目標還不夠，要達到目的，最高經理層的親自過問是不可缺少的；要以能否善於對待顧客的標準來選擇公司員工；從顧客的反應中檢查公司是否達到了服務品質標準。

從上面的「規矩」可以得到一個道理就是：贏得顧客的最好手段就是服務要超過顧客的期望值。

全球最大的零售商「沃爾瑪」數十年長盛不衰，有力地說明了「顧客是上帝」這一行業「規矩」能夠讓企業獲得成功。每一「沃爾瑪」購物商場都會貼著一條顧客服務原則：「第一條，顧客永遠是對的。第二條，如果對此有疑義，請參照第一條執行。」

沃爾瑪創始人山姆·沃爾頓教導他手下人，「所有同事都是在為購買我們商品的顧客工作。事實上，顧客能夠解雇我們公司的每一個人。他們只需到其他地方去花錢，就可做到這一點。衡量我們成功與否的重要的標準就是看我們讓顧客——『我們的老闆』滿意的程度。讓我們都來支援盛情服務的方式，每天都讓我們的顧客百分之百地滿意而歸。」

這就是沃爾瑪「行走在路上」的規矩。

作爲一個特殊的團隊——鏢局，他們永遠都是行進在路上的，而路上的規矩也就成爲他們必須要遵守的鐵血信條。如果沒有這一套規矩，他們就不能稱之爲鏢局，也就沒有那麼多傳奇可以演繹了。

鏢局的買賣叫做「出鏢」或「走鏢」，也就是鏢師保護財物等上路，如果是保護人的，就稱爲肉鏢。保鏢之人拿著接收鏢物的清單，再帶上官府開的通行證，由總鏢頭或是經驗老到獨當一面的鏢頭「押鏢」，帶著幾個有功夫底子的鏢師，和一群手腳俐落的夥計；銀貨鎖在「鏢車」裡，車子上插著「鏢旗」，夥計嘴裡吆喝著「鏢號」，浩浩蕩蕩騎馬拉車開始上路。

遇到關口的時候，鏢師拿出通行證給守關口的人看一下，爲了避免糾纏，有時便順手塞給他們一些銀兩，團隊就可以順利通過。喊鏢號幾乎是整個路上不間斷的一個規矩，鏢車走在路上看見了孤樹，得喊「把合著，合吾」。如若遇見了橋，得喊「懸樑子，麻撒著，合吾」。如若遇見路邊有個死人躺著，就得喊「梁子土了點的裡腥餑把合著，合吾」。如見對面人多勢眾，就喊「滑梁子人氏海了，把合著，合吾」。如若瞧見有山，得喊「光子，把合著，合吾」。如若過河登船就要喊「兩邊坡兒，當中原兒，龍官把合著，合吾」。如若遇村鎮有集場，就要喊「頂湊子掘梁子，把合著，合吾」。如若遇見廟會有香火場兒，人太多了，要喊「神湊子掘梁子，把合著，合吾」。

到了省會城市或鏢局所在，鏢號就不能喊了。而且鏢師均需下馬下車步行，過去之後方能重新上車上馬繼續趕路。在離開鏢局啓程時，鏢師亦需步行，見熟人都要打招手而過。

鏢師六戒（鏢師在路上最重要的規矩）：

戒住新開店房，新開設的店因摸不透人心，鏢師便不去隨意冒險，只要是門上寫有開業大吉的店就不住。

戒住易主之店，新換了老闆的店，可能會是賊店，鏢師也不住。

戒住娼婦之店，有些店娼婦糾纏會中計丟鏢，鏢師也不去冒險。

戒武器離身，無論是走在路上還是住店休息，鏢師必須把武器都帶在身上以防萬一。

戒鏢物離人，無論是旱路上的鏢車還是水路上的鏢船或是受保護的官員、商人都不得隨意離開鏢師左右。

戒忽視疑點，當鏢師的必須具備眼觀六路，耳聽八方的警覺能力，一旦發現可疑之點，就要密切注視，準備隨時投入戰鬥。

而但凡住進客棧，就須做到「三要」的規矩。

一是進店後要首先巡視一番，看看有無不正常的地方，以免被賊「瞟上」。

二是在店四周巡視一番，看看是否有人「貼著」，即被賊跟蹤包圍。

三是進伙房巡視一番，看看廚房中是否有什麼可疑食物。如果發現情況，立即採取防範措施，或另找店家，或只吃隨身攜帶的乾糧充饑。

睡覺也有規矩，要講究「入睡三不離」：武器不離身，身不脫衣，一律和衣而睡；車馬不離院，鏢車進店後，安排值更的負責看護；院外不論發生什麼動靜，鏢師們概不過問，以免中「調虎離山」計。

還有「三忌」：一是忌問客方行囊內爲何物，只問一旦發生意外時，哪件行李是必保之物；二是忌同雇主「寶眷」接觸以便使雇主放心；三是忌中途「討賞」，以免被視爲敲詐勒索。做不到這「三忌」，就影響鏢局的業務和聲譽。

李堯臣對此深有體會：「鏢行的規矩很嚴，走路有走路的規矩，住店有住店的規矩。當我走鏢的時候，早已不推小車了。客人坐在車上，貨物也分別裝在車上，車上插上鏢局子的鏢旗，保鏢的騎著馬跟在車前車後保護，一路上緊睜雙目，時刻留神。當時地方不靖，遍地是賊，有數十人一夥的，也有三五成群的，還有一兩個藏在樹林後面，看見單身人走過就行搶的。最後這種人，俗語叫做

『打杠子的』，多半不是久慣做賊的，不懂賊的行話。他們見了鏢局的大批人馬，一般不敢出來行搶。保鏢的到傍晚太陽尚未落山，就要找店房住下。進了店房，必須派人守夜，以免夜間有什麼閃失。進店以後，喝水吃飯，可不能洗臉。因爲常在外面走道，一洗臉，讓風一吹，就要裂口子。吃完了飯，守夜的守夜，不守夜的就去睡覺。第二天，天還不亮，就要抓緊早趕路了。」

鏢師在路上行走，飲食起居、言談舉止都必須按照江湖規矩行事。如到一碼頭，拜見當地任何大爺，必須先說上一大套江湖成語，手持某大爺名片，用海底撈月式。對方也用詞還答，右拳放在左臂上，以此看各自地位的高低。這些都需要平時熟練，臨時應用，亦殊不易。鏢師還要忌放快（即亂語），在餐館吃飯，菜碗置於何處，都有一定規矩，不得隨意移動。與不識之人對面，即使對方也說行話，也必須用「礚頭」二字對之，恭敬招待，以朋友待之。

倘若在途中遇到狀況，鏢頭會下令「輪子盤頭」。意思是叫所有的鏢車圍成一個圈，準備禦敵。但是，不到最後關頭通常是不會硬碰硬的撕破臉，就這麼動手打起來。闖江湖混口飯吃，只有一半是仗著武藝，另一半則是靠嘴皮裡滿口的江湖黑話。前面講過，鏢局的人押著鏢車，喊著鏢號，不斷告訴人家：「合吾！」（大家都是江湖同道）。

遇到黑門檻的兄弟，通常都先說些江湖客套話，大概意思是祖師爺賞口飯吃不容易，大家都是兄弟，網開一面放條生路，大家來日方長！如果好話說盡，對方仍不打算歇手，那就只好抄傢伙「亮青子」（就是拔出爍亮亮的刀劍）「擋風」。所謂「擋風」，就是把對方趕跑了便罷，非到萬不得已絕不「鞭土」（即殺了對方）。

這些在路上的規矩，悉爲以往保鏢經驗的總結，被鏢行視爲成功的保證，因而摻以「隱語行話」以迴避行外人知道。當然，使用隱語行話這一事實的本身，也是規矩之一。這一點，即如《江湖叢談》所說：「凡是練武的人將武藝練成了，無論是保鏢去，護院去，得重新另學闖蕩江湖的行話，把行話學好了，還要學習行規，才能出去做事。遇見事的時候，一半仗著武功，一半仗著江湖的暗話和上一代定下來的規矩。」

鏢行中規章、制度如此之多由此可見一斑。事實上，眾多的「法規」均無成文條例，儘管如「會友」分號遍佈半個中國的大鏢局，從業人員不下千人，但卻不設檢查和考核機構。

其中一個原因是：鏢局的規章制度不是什麼人制定的，而是在多年實踐中形成的，既代表了鏢局的利益，也代表了鏢師的利益，是十幾代鏢師用血的教訓寫成的經驗總結。在自然形成的過程中得到自覺的貫徹執行，並且一代一代地傳了下來，同時在執行的過程中又進一步得到完善，逐漸達到規範化、制度化的標準。

學者方彪對此總結很是深刻：「維護這種規範的思想基礎是鏢師的武德之道；執行這種制度的外在力量是群體的凝聚力；持之以恆的原因是這些規範和制度已與鏢師融爲一體。」

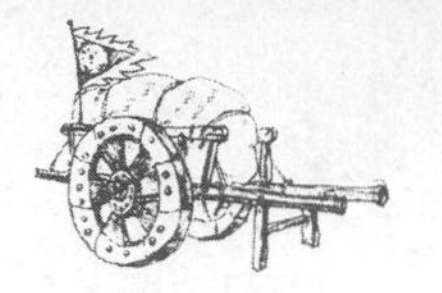

行規可以違反嗎？——企業的權宜之變

世界上任何事情都不是一成不變的，也不是從一而終的。也正因爲如此，才提倡變通，才讓變通變得那麼重要。

所謂「叛變」行規者大概有兩種情形。第一，在對待同樣是江湖人的某些人就沒有必要講行規；第二，在某些特定的地方，不是不想講「行規」，而是不能講。

還是先來看看李堯臣的敘述：

鏢局子，除了應付賊，還得對付北京市面上的地痞流氓。在北京城裡當時專有這麼一種人，社會上稱爲「嘎雜子」，專門吃倉、訛庫，到寶局跳案子。因爲鏢局子專門保護倉丁、寶局，不能聽憑他們訛詐，他們就專跟鏢局子作對，彼此斷不了尋仇鬥毆。

在當時有個最有名的嘎雜子叫做康小八。他和鏢局子的人只要一碰頭，在哪兒遇見哪兒打。那時候北京城裡從珠市口往南一帶，人煙稀少。鏢局子常和康小八在天橋一帶打群架，仇越結越深了。康小八是京東康家營的人，沒有什麼真功夫，就是手黑。後來有了洋槍，他身上總別著洋槍，看誰不順眼，就給誰一槍。有這麼一回事：他找個剃頭的給他剃頭。他剃著頭，信口問：「你知道北京城有個康八太爺麼？」剃頭的說：「那小子不是東西。」他忍住氣問：「怎麼不是東西？」剃頭的說：「淨胡來。」他又問：「你認識他？」說：「不認識。」康就說：「好，叫你認識認識他。」掏出手槍，一槍就把剃頭的打死了。康小八手下本來有一夥人，後來他就單挑了。他打死的人越多，疑心越大，總疑心有人暗算他。黑夜裡走道，後面有人腳步比他快，他就給一槍。後來，康小八叫五城練勇逮住，剮在菜市口了。

對於這種人，是不需要講行規的，即使你想跟他講，他也不會跟你講，所以，只能以「打」來解決事情。

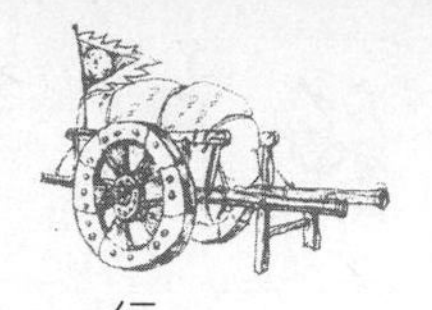

鏢局行規是，雖然和盜賊是朋友，但絕不能一起共事。除非是在「萬不得已」的情況下，才可以「背叛」此一規矩。

大盜王二的故事

《清稗類鈔．盜賊類．王二李善以盜除盜》講的就是鏢師與盜賊聯手共同消滅另一盜賊的故事。

淮人農家子弟李善，因少年力大，曾師從一位僧人學習拳術，便改叫李武。當時，江淮多有匪盜擾患，商賈便進請李武護衛人財出行，群盜忽然少了許多。在這種情況下，李武乾脆就以護商保鏢爲業，十多年沒有出一次事，其聲譽益盛。

有次他護衛一位商人往直隸（河北）運送資財，途中遇到數名匪盜，他毫不在意，幾個回合便將盜匪打翻在地。

但在一次接受某商人委託從京城往河南運送數百兩黃金的路上，他遇到了麻煩。在路上走了四五天，有一天傍午走到一個山坡時，忽見有人對他拱手說道：「請把黃金留下再走，否則前面的路就不好走了。」

對於這種陣勢，李武見得多了，笑了笑說：「你不知道我是李武嗎？我李武還害怕什麼強盜嗎？」

那位就說：「既然這樣的話，我就認識認識你。」說罷便揮拳打來。李武正欲抵擋，卻被對方左腳踏到肚子上，原來那拳是虛招，腳才是實的。李武被踢倒在地，滾出了近一丈。那人趁機奪過金子就跑，轉瞬間蹤影皆無。

一個鏢師十多年來從無失手，而一次失手就足以讓他刻骨銘心了。他決心尋找機會報仇。後來打聽到劫金人是王二，又聽其他鏢師說這個人惹不得，便失去了信心，回鄉家居。

過了幾年，江淮的商人來信邀李武重出走鏢。他自念自己對江淮一帶比較熟悉，又沒有王二在那裡，於是便重新吃起保鏢這碗飯來。

可他這個人很倒楣，有一天，他護送某商人從鎮江到漢口之後，帶著百兩酬金獨自返回。薄暮中走至沼陽地方的一個村落時，投宿一家村店，取銀子買酒。

店主告誡說：「財不外露，小心有強盜！」

他笑著說：「我李武往來江淮已有數十年了，這你還不知道嗎？」

店主卻告訴他：「你有三年不從這兒走了吧，最近有個強盜可是不一般。」

李武問那強盜叫什麼，店主說叫王二。

「王二！」李武幾乎跳起來，驚訝一聲便不再多言。

第二天，李武早早起床，啓程上路。剛走出十多里路，就遠遠望見前面山岡上站著一個人。

雖然過去了幾年，但他對王二太熟悉了。那個人就是王二！

李武知道不是他的對手，便轉身向旁邊斜著走下去。王二見他斜走過去便追了下來，一直追下去二十多里路，李武見山角露出一座佛寺，慌張叩門進寺，倉皇中隱藏到鐵佛後面。片刻，王二便追進寺裡，發現寺門已經緊閉，一塊約有數千斤重的大鐵錘堵著寺門，很令人生疑。王二走上前，用力猛舉，鐵板毫無所動，好像有什麼其他機關似的。他環視四壁，都是巨石，堅而滑，高有三丈多。寺空無人，神龕鐵佛高達二丈，頭大如簸箕。

王二看了看，就明白了。此地乃險惡之所，便大喊：「藏起來的那位趕快出來，我和你都身陷死地，不會再劫你了。」

李武聽得這話不像是騙他，就從佛像後面走出來。王二看到他，道：「我認識你，當年你曾被我一腳踢倒。」

李武很慚愧地回答：「正是。」

王二說：「雖然被我一腳踢倒，但現在還居然敢出來行走，看來你也未必就一點也沒用，我們兩人合力或許能逃出這險境。」

這時陽光正照在鐵佛上面，只見鐵佛左右兩耳好像有階梯可以攀上去。李武逐級登上去，用手一按佛頭，忽然那佛頭竟然活動了，便拿掉佛頭，裡面卻是空的，下面寬若廳室。兩個人便從佛頭沿扶梯經佛腹而下。

到了下面，只見一胖大和尚臥在床上睡覺，一見到二人，睜著怪眼叫道：

「兩位來這裡做甚？」

王二說：「就是找你來的。」

那和尚說聲「很好」，便一拳朝王二迎面擊來。王二閃過一邊，舉刀迎戰。那和尚的確非等閒之輩，一下子躍立於數丈之外，笑道：「蠢貨！三腳貓功夫！」

他一說完，就如疾鷹一般撲來，以手直摳王二雙眼。王二慌忙低頭躲過，旋以兩手去抓和尚腰部，李武也乘機從左側加上一腳，那和尚大叫著撲倒在地。這時遙聽人聲嘈雜，李武立即舉刀砍下僧頭。只一會兒工夫兒，即趕來十多個手持長槍短刀的和尚，兩人拚力抵擋，殺了六七個。再往寺內各處一看，竟藏有許多錢財和婦女，二人才知，藏在這裡的居然是一群無惡不作的僧盜。兩人拿出半數錢財遣散那些婦女和未死的降僧，另一半二人平分了。

經歷了這件事後，李武和王二結爲好友，但卻再也沒有合作過。

從鏢局行規來講，李武在寺廟裡應該是置身事外的。因爲兩個人都是強盜，他幫哪一方都是違反行規。但他卻選擇了幫自己的仇人王二消滅了盜僧。後來的事情證明，他這種「背叛」行規的作爲是可以原諒的，但絕不是鏢局所推崇的。

李冠銘的故事

第二種「背叛」情形就很好理解了。

前面談到，鏢局師傅喊鏢號除了「省會城市或鏢局所在地」不得喊外，其他地方都要喊。但有的地方是例外的。而在這種地方所謂的「行規」就得被「背叛」。

當鏢局到達舊稱直隸的河北滄州一帶時，鏢號是不能喊的。不然肯定會惹出麻煩的。至於爲什麼在這裡不能喊，很可能是因爲滄州是著名的武術之鄉，是武林高手和鏢師輩出的地方。

自古燕國至明清，多代王朝建都於幽燕，滄州乃畿輔重地，爲歷代兵家必爭。據史籍載，自桓公二十二年桓公援燕山戎以來，各朝各代均有多次戰爭發生

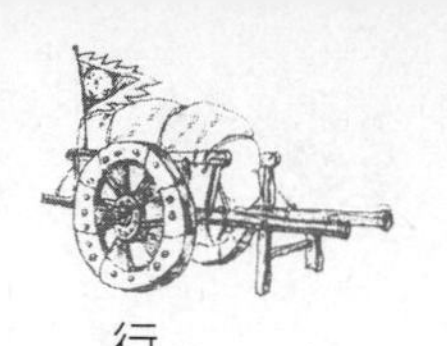

於滄州一帶。頻繁之戰事，民遭塗炭，民生維艱，故須掌握攻防格鬥之技方能自救圖存。滄州，古有「遠惡郡州」之稱，明時有「小梁山」之號。

古之滄州，沿渤海方圓百餘里，均是蘆蕩荒灘，人煙稀少，既是犯軍發配之地，又是叛將蔽身良所。明清時，一些受朝廷緝拿之叛將，尋滄州民眾強悍喜武之俗以蔽其身。他等隱姓埋名，化裝僧道遊俠，傳藝維生。滄州本地人又常周遊祖國南北，或設鏢局，或任鏢師，或於民間教徒，或入軍旅授藝，或尋師訪友學技，或參加擂臺比武。

相傳，六合掌門派首領李冠銘曾三下京華，五入天津，到處求師、訪友，練就一身好武藝，身手矯健而有奇力。

有一次，一輛鏢車從滄州城經過，保鏢的沒先去拜會當地武林名家就敲起鑼喊起鏢號來，正逢李冠銘在街上閒逛，聞之大怒，遂從家中牽出馬來，驅馬趕去，片刻工夫就超過了鏢車。在一座石牌坊前停下，他雙手一攀牌坊大樑，兩腿一夾，硬把那馬平空夾了起來。馬亂喊亂叫，瘋狂掙扎，卻前後左右都動彈不得。保鏢的知道遇見了武林高手，連忙跪下叩頭認師。李冠銘哈哈一陣大笑，馳馬而去，放過了鏢車。從此，凡鏢車路過滄州都不喊鏢，在鏢局眼裡，滄州也成了省會城市。

所謂「背叛」並非是不遵守行規，而是在特定情況下，以「在路上安全行走」爲最終目的的一種變通手段。

作爲最驍勇的團隊——鏢局是從來不怕事的。可畢竟，他們還有一條守則就是：儘量以和爲貴。

一切行規的制定，無非是想讓這個行業存在並且興盛而已。行規只不過是一種手段，而「安全地到達目的地」才是驍勇團隊的目的！

第四章

危機四伏的江湖路

企業一旦成立，就註定踏上了不歸路。沒有可以回頭的機會，也沒有停下來的餘地。只能奮勇向前，這不僅僅是為了證明你企業的存在，還在證明你的生存方式是對是錯。在鏢師們眼中，江湖路是走不盡的，除非你退出或者死亡。在這條危機四伏的路上，鏢局中人用智慧與力量行走在路上。他們不是想證明自己的偉大，只是想證實一下，自己所選擇的生存方式是對還是錯。

不戰而屈人之兵——「以和為貴」的經營模式

在路上行走，免不了會遇到不遵守行規的盜賊，在這些盜賊裡，有的不只是因爲吃不飽飯才走上這條路的。遇到盜賊迫不得已的時候，鏢師們只能以武力來解決事情。但這是沒有辦法的辦法，在還沒有逼到動用武力的時候，鏢師們都是抱著「和爲貴」的心態力圖將事情圓滿解決的。

和為貴

在路上行走，遇到的賊畢竟是少數，鏢師們行走在路上，什麼人都能碰上。除了賊，就是官府的巡防營、巡檢司、稅務司、厘金局，另外，地方勢力更是不可小覷。行走在路上，如處理不好與官府及地方勢力的關係，那將是寸步難行，其危害程度，遠遠勝於遭遇賊人。所以鏢師走鏢必須和沿途的官員及地方勢力的

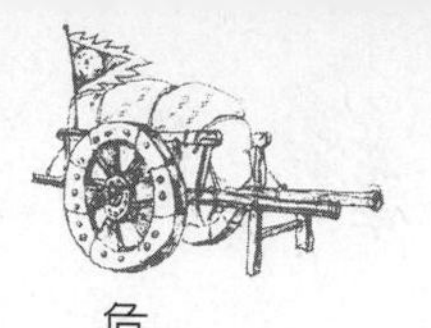

頭面人物交好朋友。鏢師的最大心願就是希望對方也能明白「和為貴」的道理。

「和為貴」出自《論語》：「禮之用，和為貴。先王之道，斯為美；小大由之。有所不行，知和而和，不以禮節之，亦不可行也。」後來又衍生出「和氣生財、和氣致祥、和衷共濟、家和萬事興、百忍堂中有太和」的古訓來。儒家的「太和」觀念，包含著自然的和諧、人與自然的和諧、人與人的和諧以及自我身心的和諧。儒家是通過道德修養達到自身的和諧，再推廣到「人與人的和諧」。

「和為貴」，乃中國文化的優秀傳統和重大特徵。不僅溫文爾雅的儒家，就是江湖人物的鼻祖墨子所創立的墨家也主張人與人之間、族群與族群之間的「和」。儒家說「和」，墨家說「非攻」都是希望人與人之間不要起爭端，即使起爭端，也要以溫和的方式來解決。

「和」是寬容主義精神的表現。和睦的人際關係，和諧的社會環境，對於人的生存和發展，至關重要。人類自古至今，因國界、宗教、種族、主權、經濟利益的差異，思想、語言的差別，乃至因家庭、財產、感情等諸多問題，所引起的衝突不勝枚舉，以至常常上演「爭地以戰，殺人盈野；爭城以戰，殺人盈城」的慘劇。「和為貴」的觀念的確解決了不少這樣的事情。但是，「和」雖然在任何時代可以講，但卻絕對不是對任何人都講的。

鏢局行走在路上，地方官會將其視為一塊肥肉，既然肥肉從嘴邊過，怎麼能不咬一口？所以，在當年的路上，插著鏢旗的鏢車經過巡防營、巡檢司的駐地時都要先行呈上鏢單、路引，如為初次見面，還要出示名譽東家的官帖，並不卑不亢地說道：「○○大人命在下向△△貴長官大人（或老爺）致意。」說罷就將官帖收來，並不實遞，原因是只有此一張通行證。兵頭將尾們見鏢車通行的手續齊備，無可挑剔，又有大官的帖子，也就只好放行了。鏢師們就在這個時候乘機和他們攀談、混熟，摸清其底細，但儘量不要叫這些人知道自己的來頭有多大，名譽東家官位有多高。因為只有這樣才能使官兵們對他們有三分恭敬之心。這也是不戰而屈人之心的一種方法吧。

要想平安到達目的地，鏢師們就必須避免和地頭蛇發生矛盾。地方勢力一不搶，二不劫，三不盜，四不勒索過路錢。通常情況下，他們和鏢師鬥的是「氣」。爲霸一方的人也明曉自己只不過是地頭蛇，生怕外來的強龍把自己看小了，來個「強龍壓倒地頭蛇」，倘若這樣，就丟了很大的面子，以後就沒有臉混下去了。所以，「人爭一口氣，佛受一炷香」就是他們這些地頭蛇的待客之道。

聰明的鏢師都明白地頭蛇的這一複雜心理，所以就採取「強龍禮敬地頭蛇」的策略來與之周旋。鏢車要進入較強大地方勢力的地盤時，鏢師一般都策馬先行，拜會其頭面人物，先給地頭蛇燒香順氣，然後再驅車過境。

但也有不給面子的地頭蛇，學者方彪就在其作品《鏢行述史》中刻畫了一個神氣活現的地頭蛇形象。

「當鏢車將進入他（地頭蛇）所控制的地盤時，率領手下強徒，列『一』字陣擋住去路。鏢師下馬與之見禮，地頭蛇狂妄地宣稱：『別害怕，看見沒有，我旗上所書：保境安民，聯村自衛。我們一不劫、二不搶、三不收過路錢，只因鄉土狹窄，鏢車不便通行，要想借路，那就把鏢旗拔下來，拖在車後，拉著過去。』鏢師不卑不亢地答道：『小字號走鏢為生，鏢車多次途經貴寶地，想來有騷擾地方，失禮得罪之處，在下賠禮了。』說罷一抱拳。地頭蛇把腦袋一晃，揚言道：『車過壓路、馬過踩草，本應讓你們從哪來，回哪去，今天看在你這一揖的分上，也不得不給你點面子，留條道，你要贏得了我手中的傢伙，我就閃出條路來禮送鏢車過境，要贏不了我手中的傢伙，那就對不住了。達官爺是見過世面的人，今天就露兩手叫大家長長見識吧！』。」

如果鏢師碰見這種蠻橫的人，跟他講「和」實在是對牛彈琴，那麼，只能是讓他見識見識。

「於是鏢師又一抱拳道：『朋友既然看得起，在下只好奉陪了，但客不壓主，先讓您三招。』凡是仗勢逞強，依眾欺寡之徒，大多武德甚差，往往沒有什麼眞功夫。因為武林名師傳徒都是很愼重的，最怕不肖徒兒敗壞自己的名聲，一旦發現徒弟有不軌不肖之處，即棄而不傳，打發他走人。不知天高地厚的地頭蛇，往往沒有出去闖蕩過，是井底之蛙，不但沒有見過什麼世面，更沒有受過名

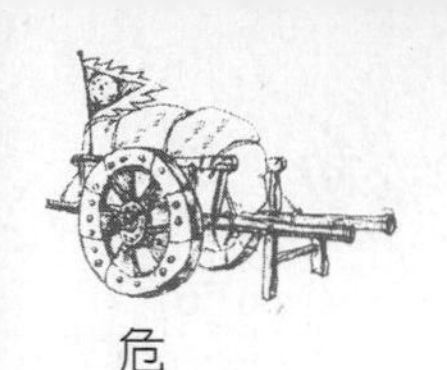

師的傳教，不知武德、不曉事理。聽鏢師說讓他三招，認為是把他看扁了，於是勃然大怒，愣頭愣腦地撲上來就連進三招。三招進完了，鏢師也就把地頭蛇的底摸清了，於是狠狠地回敬他三招。這三招不但使地頭蛇清醒了，而且長了見識，知道天外有天，人外有人。鏢師再進三招後，地頭蛇可眞有些搪不住了，可是又找不到臺階下，眞是欲進不得，欲退無路，心裡十分懊喪。而這時鏢師卻突然收住招式，抱拳拱手道：『小字號走遍直、魯、豫、皖，沒見過足下這樣的眞功夫，敢問大名？何師所傳？跟您走這幾招，勝過練功十年，在下受益匪淺。』」

這其實只是鏢師的「不戰而屈人之兵」的策略，只是地頭蛇一聽有人恭維他，頭腦立刻發脹興奮不已。很多時候，他都要請鏢師們喝兩杯再放鏢師們上路。

而遇到不講行規的盜賊時，更沒有必要講「和」了。鏢師們所採取的策略還是「不戰而屈人之兵」，但這一「屈人」又與對付「屈地頭蛇」時不一樣。鏢師們會以眞功夫讓盜賊知道即使戰了也是失敗，不戰反可以避免損失。這是一種戰術，也是一種境界。

當鏢局正走在山腳下時，忽然冒出幾個盜賊來。好像好多天沒有吃東西了，見到鏢師們肥頭大耳的，就有氣。

兩方用黑話說了半天，該說的都說了，不該說的也說了。盜賊就是不肯讓路。

這個時候，如果兩方之間有棵樹，樹不粗，但也不細。鏢師會飛起一腳，將樹踢折。

盜賊一看這架勢，知趣的就跑了，不知趣的還要上。

這個時候如果有一塊不太大，但也不太小的石頭，鏢師會上去拿在手裡，一拳頭揮過去將其碎成兩半或石頭粉碎。

盜賊若再不走，鏢師們利用手中的刀，掄圓了往盜賊腦袋上剁。但這種事情很少發生。

鏢師在路上處事的氣質和風度，能不戰而屈人之兵，故又可謂是久經戰陣的

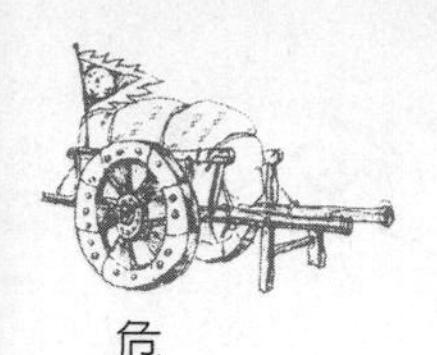

談判家，鏢師能通過談判獲得戰場上得不到的東西。這一手段實在是現代企業在競爭與生存中應該好好學習的。

現代企業生存中的「和為貴」

在企業生存與競爭中，「不戰而屈人之兵」就是構造一個把比較競爭優勢與核心競爭能力融爲一體的競爭性贏利模式。任何對手面對這種模式就如同盜賊面對鏢師時一樣，他們會發現：如果發動進攻除了失敗還是失敗，唯一的出路就是轉型（逃跑）。

戴爾從成立到發展成世界上數一數二的電腦公司，其傳奇創業史讓許多人爲之驚訝。從表面上看，戴爾的模式似乎很簡單：直接向客戶銷售，從而降低中間人的成本，大量買入配件以獲得最低價，並迫使供應商在自己的工廠附近建立倉庫，這樣零件在幾小時內就能送到。然而戴爾的成功是劃時代的，戴爾做到了偉大的戰略性成功：不戰而屈人之兵。

IBM、HP等面對戴爾的時候，就有這樣的感慨：是跑還是繼續跟他競爭，這是一個很值得深思的問題。從某種意義上來講，鏢師與盜賊的對峙中，自己並沒有損失什麼，只是賣弄了一下武藝。這是一種低成本，要比掛彩低得多。而戴爾在這方面就是如此。它低成本的直銷加上對商業客戶戰略性的選擇構成了自己的比較競爭優勢，而對裝配與供應體系的設計與實施能力是戴爾的核心競爭力，兩者的融合使得戴爾的對手發現，戴爾降價之後還有很大的利潤潛力，結果就只好望而卻步。而鏢局同樣如此，他會選擇性地將盜賊分類，也就是說，眞正的大盜賊，他們會將其納入鏢局行規中來，剩下一些小盜賊，再用「不戰」而屈之。當盜賊看到，即使自己搶劫成功了，自己的兄弟也所剩無幾，很可能自己也會腸流滿地，那他會選擇放棄。

「不戰而屈人之兵」的觀點的確是孫子兵法思想的最大貢獻：用最小的代價（成本）獲得最大的利益。對待競爭對手，無論是處於何種市場位置，從策略上講，都必須避免正面開戰、直接進攻的簡單思維，而要尋找最有利於發揮自己的資源優勢、最能減少自己的投入成本、同時最有利於迴避競爭對手的強項而利用

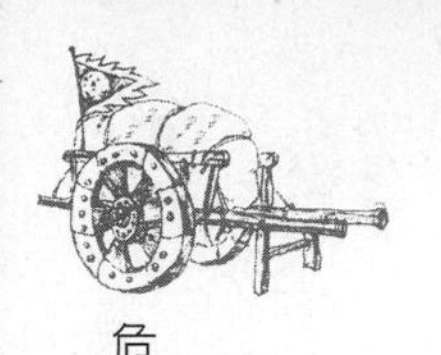

其弱勢之處的方法。

鏢局能從中學到一二，並非是他們看了《孫子兵法》，而是在路上行走多年，遇到的事情與人多起來，自然地就會讓他們深刻地認識到這樣一個問題：不戰之戰才是上策，不戰方能贏得勝利。

堪比身家性命的鏢銀——爭取利潤最大化

鏢銀是什麼？是鏢局賴以生存的經濟基礎，是利潤來源的保證。倘若鏢銀不見了，那麼，利潤不但沒有了，還會賠進去許多銀兩。所以，在路上，鏢師們都有一個「知其然」的認識：

無論發生什麼事都要以鏢銀為重。

鏢銀重於性命

所謂以鏢銀為重，無非是把利潤來源當作頭等大事。其實，這是任何一個團隊都有的認識。在經濟學上，企業追求的是綜合效益的最大化。一個不以保護鏢銀為目標的鏢局最終將倒閉。同樣，一個不以利潤最大化為目標的企業終將被市場競爭所淘汰。所以，實現利潤最大化是任何一個團隊競爭生存的基本準則。

從有關鏢局的資料中，可以得知，鏢銀是雇主託付給鏢局並讓其送達某個地方的，並以其多少來確定付給鏢局多少報酬的現實物。

在這一過程中，鏢局要遵守兩條規則：第一，誠信；第二條，一切以鏢銀爲重。

這樣一說，我們就可以明白「一切以鏢銀爲重」背後到底隱藏著什麼了。不錯，倘若鏢局將鏢銀丟了，那麼，損失有二：第一，雇主再不會上門來找你，因爲你喪失了誠信；第二，你沒有了利潤，而且，你還得要賠給雇主丟失的銀子。在鏢行中有一句話說得很好，大意是：誠信是經營的起點，利潤是共創共用的。也只有你的誠信，才能讓利潤最大化。

而實現利潤最大化的方法只有一個：不惜一切代價保護好鏢銀。

從李堯臣的點滴回憶中，我們可以看到鏢師們是如何以命來實踐這一守則的。

「記得有一回，保鏢路過固安縣渾河以北擺渡路口，上了船，船戶一看鏢車，有錢，剛過了河，他們就要截我們的鏢。船戶足有十多個，我們保鏢的也有七八個人。兩下說擰了，動了手。船戶用船篙，我們使硬傢伙，拚了一陣，把他們打敗，才沒出事。還有一回，在鄲州廟以南，晚上住在店裡。第二天一早，起五更我們就動身了。剛走出不遠，有一道橋，賊人暗裡把橋給弄壞了，表面上可又不顯。帶頭的，嘴裡喊著『鳳凰三點頭』的鏢號，正要過橋，橋壞了。差點連人帶馬陷在水裡，忙說『不好』。知道遇見賊了，直跟賊說黑話，賊說什麼也不讓我們過去，只好與他們交戰。」

但是這種情況很少，「眞正動手的情形，一百次也未必有一次。可是幹鏢行的死在賊手裡的，也不在少數。」

倘若鏢銀眞的丟失了，即使費盡周折，無論過去多久也要追尋。

李堯臣說，「會友鏢局曾接了一號買賣，由保定往天津運十萬兩現銀，船走到下西河，遇見稅務司攔住要檢查。」

後來才知道，這些人是假冒的。

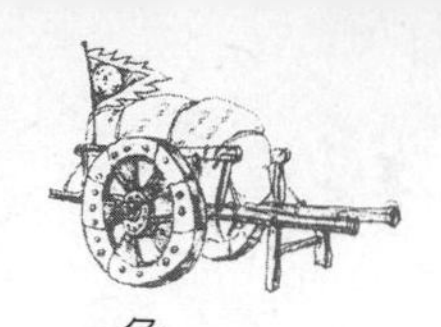

「等他們一上船，才知道是土匪假扮的，要劫銀子。我們當然不能輕讓，兩下就交手了。雖然得到了官兵的保護，但還是失落了許多銀子。鏢局子遇到這件事，當然不能善罷甘休。派人一打聽，才知道為首的叫做宋錫朋。宋錫朋本來是冀州李家莊人，自幼武藝出眾，後來加入了義和團。義和團失敗，他就聚了一幫人，在黃村南邊龐家莊當了土匪。開始只有五六百人，後來人越聚越多，聲勢越來越大。我們走鏢的沒法走了，於是八家鏢局一合計，決定合在一塊和他們交戰。那次戰役後，宋錫朋就跑到東三省，入了胡匪了。就在這一年，我們送個官到吉林上任，走到老爺嶺，恰好遇見了他們，兩下交手。有人說，宋錫朋正在裡面，我們怕他報仇，就退回來去報告地面，由官府幫著我們，打了半天，才過了老爺嶺。

「但我們鏢局一直沒有忘記那次丟銀子的事。到了一九〇二年，我們忽然得著冀州衙門的來信，說是宋錫朋已經偷偷回到冀州李家莊，在家裡藏起來了。會友鏢局就派焦朋林、盧玉璞帶著我們四十多人前往冀州，由冀州馬隊帶著，出其不意地把宋錫朋的住宅給團團圍困起來了。宋錫朋是神槍手，可是架不住我們的人多。他把子彈打完，只好和我們交手。焦朋林上去，用夫子三拱手的拳法，把他擒住。這已經是五更時分，天將放明了。宋錫朋被捕，押解到北京。過了幾天就被官府斬首了。」

利潤最大化的經濟學原理

其實，所謂的這些戰役和窮追到底，都是對雇主的一個誠信問題，最終的結果，就是要利潤最大化。而這也是當今企業想要發展的一個信條。

略懂得經濟學的人都知道，利潤最大化是企業生成的初始動力，企業必須以獲取最大化利潤爲根本目標。不以利潤最大化爲目標，以及不通過合理利潤方式來實現，企業的發展就潛伏巨大的危機。所以，誠信就成了重中之重。事實就是，沒有誠信，企業根本不可能立足市場，在美國出版的《百萬富翁的智慧》一書中，對美國一千三百萬富翁成功的秘訣調查表明，誠信被擺在了第一位。倘若

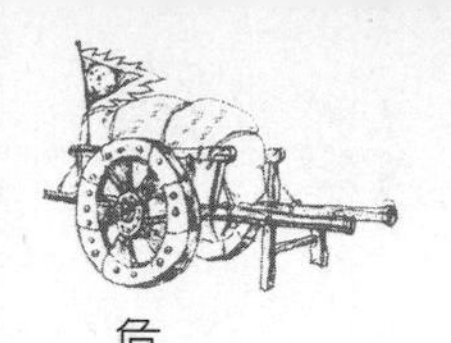

一個企業不想曇花一現，就必須把誠信擺在首位。

作爲鏢局一切以鏢銀爲重，其實就是一切以利潤爲最高目標。失去了鏢銀，就等於失去了最高目標。那麼，這個團隊的存在與否已經沒有多大意義了。而當眞的失去鏢銀後，鏢局上下必須正視問題，絕對不要學鴕鳥把腦袋埋在沙子裡。

鏢局首先要通知雇主，坦誠鏢銀丟失的事情，並在鏢行中承認是自己的失誤造成的。這樣一來，其他鏢局很可能也會在路上很小心。與其說是坦白自己的失誤，不如說是放出信去，讓各個鏢局當作是自己的「耳朵」和「眼睛」。

在現代社會，人們對團隊的社會責任提出了更高的期望值。所以倘若一個企業或者團隊在發生危機事件時，不能與公眾進行溝通，不向公眾表明態度，只能招致外界的更大反感。

聰明的企業都知道，當危機爆發時，應在最短時間內做出最快的反應。面對危機，企業切不可模仿把頭埋在沙土裡而忘了自己屁股正露在外面的鴕鳥。有這樣一句話：人們感興趣的往往並不是事件本身，而是當事人對事件的態度。對現代企業來說，一旦丟失了「鏢銀」，都必須向外做出充分的說明。如果像是在擠牙膏，被動地，每次一點一點地應付外界的質問，只會使人們對企業更加反感。

鏢銀就是鏢局的生存之根，不論鏢銀多少，它都是値得每一個鏢師用本事與熱血去保護的。

企業追求利潤是天經地義的事情，一個長期不能贏利的企業，即使知名度再高，也算不上一個好企業。因爲這樣的企業首先就缺少了生存下去的必要條件。

可是鏢局的經營理念告訴我們：做一個企業，還有比利潤更重要的事情。例如每個企業都有一個相對固定的經營模式，經營模式中最重要的是企業原則。比如一個折扣店的最重要的原則是永久性的低價格。它要求企業從各個方面，想盡一切辦法去達到這個目的。

現實社會中的企業要達到上述目的，通常會從三方面入手：一是儘量降低原料採購價格；二是儘量降低運營成本；三是適當降低自己的合理利潤。

這樣一個企業每時每刻都面臨著這樣的誘惑：如果企業以很小的幅度提高自己的利潤率，消費者不一定能夠感覺出來，但一個小小的利潤率提高（例如百分之零點五）卻能使企業的利潤、總額大增。

同樣，這樣的一個企業也可以通過擴大自己的經營種類來達到提高利潤的目的。但問題是，這樣的「改進」往往讓企業在增加短期利潤的同時，丟掉了企業經營的原則——永久性的低價格。漸漸地，這個企業和其他企業的區別不再明顯，消費者不再相信其價格承諾，長久發展下去，這樣一個本來有特色的企業會和其他企業一樣越來越趨同，企業的長期利潤將得不到保證。

許多企業以為只要利用好廣告宣傳的手段，就可以把一種價值較低的東西賣出去，並且賣一個好價錢。我從來都不否認廣告的作用，但那種僅靠廣告、策劃、包裝，沒有實質品質支撐的商業「機會」已經越來越少。

無數的事實都證明：造出世界上最好的產品；提供給客戶驚喜的服務；真正地為客戶解決問題，是一個比短期利潤重要得多的事情。放棄短期利潤，有可能獲得企業和行業的長期成長。有相當多的行業處於成長期，但先行者如果滿足於在這個時期牟取利潤，而不是著眼於企業的未來，則很可能失去本來的領先地位，被其他企業超越。

利潤對一個企業而言是一件重要的事情，但不是最重要的事情。相對於企業的經營原則，相對於客戶利益，利潤是一個次要的方面。從競爭的角度，在企業發展的某個階段犧牲利潤換取企業的增長和成長空間，也是更有效的做法。過分追求短期利潤的結果，往往要毀掉企業長期發展的根基；眞正從客戶利益、長期發展的角度出發做事情，反而更能增加一個企業的持續的贏利能力。

雖然，我們不敢肯定鏢局的每一個當家人都有今天許多企業領導人這樣的認識，但從整個鏢局發展史上來看，他們雖然不能把「一切以鏢銀爲重」的利潤最大化弄清楚，但他們卻用實際行動證明了保證利潤最大化爲首要條件是管理者的駕馭能力。

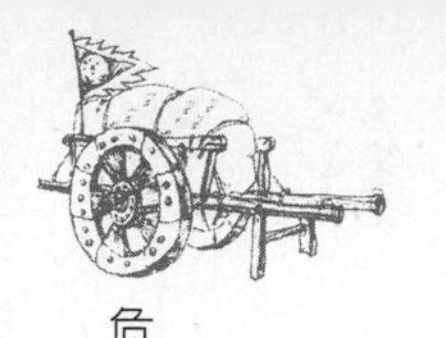

鏢頭的駕馭能力——管理者的責任重大

所謂鏢頭，是指在路上臨時作爲整個鏢局頭領的人。這種人要有高超的武功和江湖經驗以及龐大的關係網。憑藉這些條件，鏢頭就能在路上呼風喚雨，昂首挺胸地到達目的地。

而一旦出了問題，遇到盜賊的時候，鏢頭該怎麼做呢？

李堯臣說，所有鏢局的鏢師，包括夥計們在遇到盜賊搶劫而談判不成的情況下都是奮力向前的。至於原因，李堯臣說，「頭在前面拚著命，你能退縮？還不是要有多大能耐使多大？」

鏢頭在路上處於領頭雁的位置。要想使整個團隊積極前進，他就必須樹立榜樣，首先就要在鏢師們心上形成明星效應，成爲鏢師們效仿的對象和偶像。否則，整個團隊死氣沉沉，沒有一個追求目標，作爲鏢頭的魅力又從何談起呢？

從鏢局發展史上可以得到這樣一條資訊：在路上，一個優秀的鏢頭，往往有著一種「先發制人」的魅力，他們在探討問題、進行決策、與鏢師們懇談或是在跟這個臨時組成的團隊內的夥計、趟子手的交往中，似乎總能保持著自己的優勢地位。總能牽動無數雙眼睛，這不單因爲他是這個臨時團隊的領導者，更重要的是他們對自身的形象有著良好的塑造能力。鏢頭會在服飾、舉止和語言上下功夫，從而構成了形象魅力的「三位一體」。

由於他們是一直行進在路上的特殊原因，鏢頭就彷彿成了這個團隊移動的招牌，無論走到哪裡，他都要記住，自己所代表的始終是一個團隊，代表著團隊成員的精神面貌。沒有人願意被無辜地傷害，當鏢頭的舉止言行傷害了他所代表的團隊成員時，他們必然會將他列爲嘲笑的對象，或是對他「敬而遠之」。

鏢頭一般都身著黑色鎧甲，手中拿一桿沖天長槍，紅纓洗得通紅。遇到江湖人或者是官府上的人，先要抱拳，不卑不亢地說上兩句客套話。

在這些場合上，鏢頭得體的言談、謹慎的舉止不僅會使他的江湖朋友、敵手

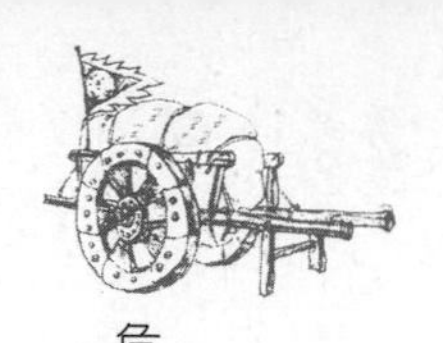

對他所代表的團體萌生敬意，而且在他身旁的鏢師們也會爲是他的手下、是他的團隊中的一員而自豪。

正如那句話所言，「火車跑得快，全靠車頭帶」，「鏢局走得穩，全靠鏢頭身」。鏢頭陣前指揮，最能提高鏢師們的士氣，特別是當遇到盜賊時，唯有出色的鏢頭身先士卒，方能擺脫困境。陣前指揮，並不在於展現鏢頭優越的能力和魅力，重要的在於它能提起鏢師們的士氣來。

對鏢頭來講，能夠成爲鏢師們的榜樣，自然是件值得自豪的事。可是要切實做到這一點決非易事，需靠平時在局子裡的工作技巧才能做到。以身作則絕不是喊口號，武藝的高低不是喊口號喊出來的。

在路上，鏢頭是被學習的榜樣，而不是被讚揚的對象。給鏢師樹立學習的榜樣遠非是一件容易的事情，那意味著必須時時刻刻不斷加強自己的個人道德、武德修養。樹立榜樣就意味著去發展諸如勇氣、誠實、隨和、不自私自利、可靠的個人品格特徵。特別是鏢頭，爲別人樹立學習的榜樣，就意味著堅持江湖道義的正確性，甚至當這種堅持需要鏢頭付出很高代價的時候，也會毫不猶豫。

如果鏢頭自己能夠履行應盡的義務並能以身作則，表現出榜樣的風範，對於江湖道義很看重的鏢師們就會尊敬他，爲他而感到驕傲，而且會產生一種想達到他那樣高的境界的強烈願望。

鏢局如此，現代企業又何嘗不是呢。

一個優秀的團隊帶頭人如果還沒有當初鏢頭那樣的覺悟，那他根本就不配帶領一個團隊。所以，團隊帶頭人務必要以身作則，務必要找到成爲別人楷模的方法：通過自己努力工作樹立榜樣。身體要健康，精神要飽滿，能在任何時候控制住自己的情緒，在指責或批評下面人的時候，不要搞個人攻擊，待人要隨和，無論是對待企業內部人還是社會人，要懂得「一諾千金」的道理。

鏢頭要起到表率作用，塑造自己的魅力，應做到以下六點。

（一）在路上遇到任何事情，都能比鏢師們想得周密，做得有條理。

（二）不要製造困難，但絕不能害怕困難，要有在困難面前鍛鍊自己的樂觀心態。

（三）能從全局看問題，從小處著手，扎扎實實地解決問題。

（四）在路上沒有個人享受，與大家同甘共苦。

（五）用最有效的手段指導並激勵大家的工作熱情。

（六）時刻不要忘記自己的武功是需要經常練習的。鏢頭們尊重你的大前提是，你有足夠的本事讓他們服氣。

值得現代企業管理人借鑒的是，任何鏢局的鏢頭都明白一個道理：駕馭鏢師。說穿了無非就是激起他們的積極性去實現共同的目標——把鏢銀送到目的地。因此，它必須深入人的心靈。而鏢頭們知道如何深入鏢師們的心裡，那就是「身先士卒、率先垂範」。

但並不是所有鏢局的鏢頭在路上都能做到「身先士卒、率先垂範」。許多無名鏢局慢慢地淡出了雇主的視野，有一部分原因是鏢頭在路上遇到事情不是第一個衝上去，而是第一個逃跑。雇主把銀子交到這種人手裡，等於撒到了黃河裡。

雖然，這些鏢頭們也宣導大家要萬眾一心、共患難，可一遇到事情的時候，就把自己的宣導扔到一邊了。遇到小賊還可以，三下兩下被自己手下的鏢師擺平，一旦遇到大盜，他們雖然也知道自己的武功要比對方強出許多，可一看到盜賊人多勢眾，先自矮半截。

這樣的鏢頭在鏢局史上沒有留下名字，寫歷史的人總覺得他們根本不是江湖人，眞正的江湖人絕對不是他們那樣的。但那種說一套做一套的事情，不僅在鏢局中有之，在現代企業團隊中更是常見。

比如，領導者爲了突破困境，要求員工同心協力省吃儉用共渡難關，但他卻依然浪費無度，公物私用，濫用職權來滿足個人私欲。倘若自己的所作所爲被員工看穿，員工們會怎麼想呢？他們肯定會對領導者產生不信任。最終，必會讓他們對領導者產生反感情緒而使領導者眾叛親離。

當年的鏢局在路上一旦遇到事情，之所以所有人都拚命與盜賊周旋，其主要原因就是鏢頭能身先士卒。當鏢師與夥計們看到鏢頭在奮力衝殺，他們也會跟著

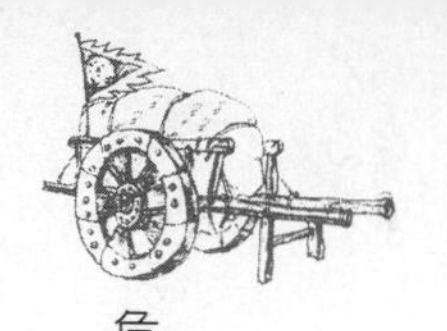

更加賣力地衝殺。

這可能是因爲人類的本性使然。心理學家說，人在危急時刻所採取的行動能讓這個人的本性表露無遺。有的鏢頭平時說話大聲，像是練過獅吼功，又表現得很豪爽，但一旦在路上遇到盜賊的時候，卻落荒而逃，平常刻意掩飾的缺點在這個時候便會完全暴露出來。

鏢師們若是看見鏢頭在緊要關頭時不知所措，一定會非常失望。鏢師們所期待的鏢頭，是在遇到盜賊的危險時刻能夠表現得與眾不同，並且能夠斷然地做出決定，迅速果斷地採取行動。只有這樣的鏢頭，才能強有力地統馭這樣的團隊健康發展。

有人做過這樣一個試驗，讓動物園的飼養員扮成獅子進攻黑猩猩。一開始，黑猩猩恐懼不安而四處亂跑，但只過了一會兒，黑猩猩的首領就抓起身邊的樹枝，做出勇敢地向獅子挑戰的架勢來。也許，它是害怕「獅子」的，但出於領導者的地位與責任，它堅決地拿起「武器」，勇敢地率先向獅子挑戰。就在這個時候，其他猩猩也效仿首領，拿起身邊可以拿起的東西站在首領後面哇哇怪叫。「獅子」只好退了出來。

從這個試驗中可以得出這樣一個結論：動物都明白領導者的表率作用。

在競爭愈來愈激烈的今天，任何一個團隊都隨時隨地會面臨各種困難。如果領導者不能率先垂範，一個企業就很難在競爭激烈的環境中站穩腳跟。當面臨困境時，領導者能夠身先士卒面對難關，堅定沉著的精神就會傳達給員工，從而讓大家都能夠勇敢地面對挑戰。如果一個領導者在困難的時候，自己先躲避起來，那麼，這個團隊裡的人，還有什麼人會站出來維護這個團隊呢？只能是「慢慢地散了」。

走鏢的弟兄們——一個優秀的專案管理團隊

如果說，只是單純地將幾個鏢師和鏢頭聚在一起讓他們上路，就可稱作一個團隊的話，那就有些自欺欺人了。團隊不僅僅是指被分配到這個專案中工作的一組人員，更是指一組互相依賴的人員齊心協力進行工作，以實現專案目標——把鏢銀送到指定地點。

要想讓他們發展成為一個有效協作的團隊，既要鏢頭付出努力，也需要專案團隊中每位成員的付出。專案團隊工作是否有效率，決定著專案的成敗。儘管要有計劃，需要專案管理技能，但鏢頭的表率作用和所有團隊成員的齊心協力才是專案成功的關鍵。

我們可以回想一下，在唐朝鼎盛時期，有一個「鏢局」，當然這個鏢局是幾個特殊「人」組成的，他們保的是肉鏢——唐僧。這個專案團隊的鏢頭就是孫悟空，只有兩個鏢師：八戒和沙僧，另外還有一個夥計：白龍馬。

這個團隊的當家人就是觀音，雇主是如來。作爲總鏢頭的孫悟空，江湖經驗豐富，朋友眾多。沙和尚言語不多，任勞任怨，承擔了這個專案中最粗笨無聊的工作。豬八戒這個成員，看起來好吃懶做，貪財好色，又不肯幹活，最多跟夥計——白龍馬靠得近一些。好像豬八戒留在團隊裡沒有什麼用處，其實他的存在還是有很大用處的，因爲他性格開朗，能夠接受任何批評而毫無壓力，在專案組中承擔了潤滑油的角色。

事實上，孫悟空這個鏢頭還是很稱職的，遇到妖怪劫鏢，他總是身先士卒，起了表率作用。同時，在保護唐僧的專案實施過程中，這個團隊非常善於利用外部的資源，只要有問題搞不定，馬上通知當家人觀音菩薩，或者通過各種關係，找來各路神仙幫忙，以搞定各種難題。

那麼，鏢局當家人在接到生意的時候，如何組建一支專案團隊呢？

首先，他要對自己手下的鏢師與夥計們有很深的了解，如武術技藝、江湖交

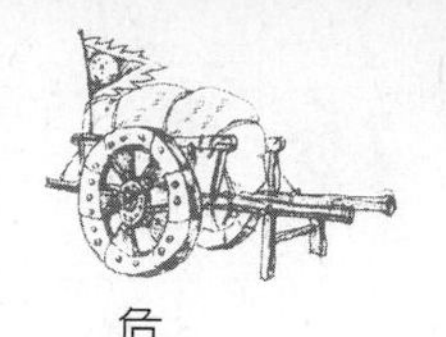

際等。然後，開始分步驟來組建這個專案團隊。

第一步，進行專案工作分析。由於鏢局大部分專案都是基本相同的，因此鏢局都備有各類專案的標準（比如肉鏢與銀鏢，銀鏢又分多少銀子等）和相應的工作說明（該派多少人）。這樣，在執行具體專案時就會有章可循。

第二步，在此基礎上，了解和定義完成專案各項工作都需要何種角色，這些角色都需要具備哪些技能，何時需要這些角色。

第三步，從總鏢頭那裡得到資訊：有哪些人具備擔任這些角色所必需的技能，有哪些人有過類似的經驗，有哪些人有合適的時間能夠擔任這些角色。在此基礎上，預選專案組成員。角色需要的能力可以透過鏢頭所擁有的基礎素質（武術技能、江湖經驗等）以及該鏢師的認眞態度而得到。

第四步，對這些預選出來的鏢師進行武德、性格、團隊角色和諧性分析。團隊成員之間性格和角色分配上的和諧性能夠彌補許多激勵方面的不足。如果有人明顯與其角色分工不和諧或在性格方面與其他成員有衝突，則需要重新選擇。

第五步，進行角色分工，初步確定專案團隊的鏢師與鏢頭（鏢頭只有那麼幾個人，確定範圍很窄，有時候根本不用確定）。

第六步，判斷團隊與雇主及其他利益相關方（比如這次去哪裡，那裡的官員、地痞，鏢頭是否熟悉）的性格和諧性。對鏢局來說，任何一個專案很少能由專案團隊單獨完成，它的成功一般需要利益相關方之間的配合，如官府中人、江湖中人、地頭蛇等。

最後一步，一切準備就緒，開始上路。在路上，他們能不能有效工作，能不能一路順風，還要看專案工作中存在多少障礙。

鏢頭會檢查如下問題：

目標是否明確。鏢頭的目標很明確，就是把鏢安全地送達目的地。他沒有必要像現代的領導者那樣詳細說明專案目標以及專案工作範圍、品質標準、預算以及進度計畫等。

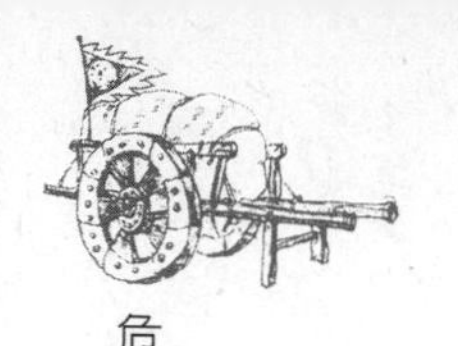

角色和職責是否明確。他們的角色和職責通常很明確，鏢頭在前面開路，鏢師們喊鏢號，趟子手遇到路上有障礙及時清除。鏢頭沒有必要在專案開始時，與專案團隊的每個人單獨會談，告訴他被選上參加專案的原因，說明對他的期望，並解釋說明他們與其他員工的角色和職責的相互聯繫。

而在現代企業裡，一個專案團隊在專案開始時，領導者要制定基本工作規程，諸如溝通管道、審批及檔案記錄工作等這類事宜。每項規程以及制定緣由，都要在專案會議上向團隊說明。而鏢局永遠不會存在這樣的問題，他們無論組建成什麼樣的專案團隊，行規早就在他們心裡紮了根，不需要鏢頭反覆地說。他們也知道其他人和自己都是爲了保護鏢而在路上行走的。

在這個專案團隊中，只有一種情況可能發生，那就是鏢師有時候會缺乏工作熱情。他們可能會對專案目標或專案工作不太投入，因爲有時候鏢銀很少，那麼，自己得到的也就很少。而要解決這一問題，當家人需要向專案團隊的每個人說明他的角色對專案的重要意義，以及他能爲專案成功做出的貢獻。也就是說，任何一趟鏢都要做到萬無一失，不然就會砸了自己的招牌。

鏢頭領導無方也是個團隊工作中的障礙。比如，有些鏢頭從來不向團隊成員問一些諸如「我做得怎樣？」或「我應該怎樣改進我的領導工作？」等問題，他們很少徵求鏢師們對自己的工作意見。鏢頭一旦上了路，他心裡只有一個念頭：無論怎樣，都要把鏢送達目的地！

任何人都有劣根性，所以，許多鏢師與夥計們有不良行爲也就不足爲怪。但是，當他們的不良行爲不利於團隊有效發展的時候，比如不遵守行規，住宿新店、不守護鏢車而去睡覺等。鏢頭就要找他談話，指出他的不良行爲，並向他說明這種行爲對專案團隊有不利的影響。無論如何，鏢頭一定要使犯錯的人明白，如果不良行爲繼續下去，那就只好讓他離開專案團隊。因爲行走江湖，危機重重，不能因爲一個人的過錯而讓所有人受到賊人的迫害。

在路上，鏢局任何一支專案團隊都能遵守著行規，能按照當家人與鏢頭的指令去工作。

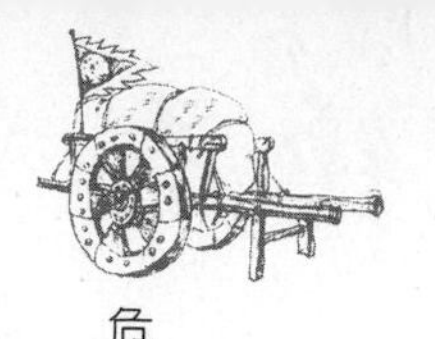

鏢局是一支優秀的專案團隊，更是一支驍勇的團隊。他們與當今企業任何一個團隊都沒有不同，只不過，他們是用熱血與勇氣來完成自己的工作，來履行自己的使命而已，並且他們做得十分出色，永垂青史！

那麼，在當今企業中，一個優秀如鏢局一樣的專案團隊該如何組建起來呢？一般情況下，一個專案團隊的組建過程分為四個階段：形成、震盪、規範、執行。

（一）形成階段

在這一階段，由於成員剛剛開始在一起工作，總體上都有積極的願望，很想快些進入工作狀態。但是，由於對自己的職責及其他成員的角色都不是很了解，會產生很多疑問。

在這一階段，專案經理需要進行團隊的指導和構建工作。首先應向成員宣傳專案目標，為他們描繪未來的美好前景及專案成功所能帶來的效益。並且公佈專案的工作範圍、品質標準、預算和進度計畫的標準和限制，使每個成員對專案目標有全面深入的了解，建立起共同的願景。

其次，明確定位出每個專案團隊成員的角色、主要任務和要求，幫助他們更清楚地理解所承擔的任務。

最後，與專案團隊成員共同討論專案團隊的組成、工作方式、管理方式、一些方針政策，以便取得一致意見，爲今後工作的順利開展打下基礎。

（二）震盪階段

所謂震盪階段，就是指團隊內激烈衝突的階段。隨著工作的開展，專案團隊各方面一般都會暴露出一些問題。成員們漸漸地會發現，現實與理想不一致，因爲任務繁重，工作中可能與某個成員合作不愉快。這些都會導致衝突產生、士氣低落。

在這一階段，需要專案經理進行疏導，允許成員表達不滿或發表對所關注問題的不同意見，並且予以接受他們的合理化建議。創造一個理解和支持的環境。

其次，做好疏導工作，努力解決問題、矛盾。

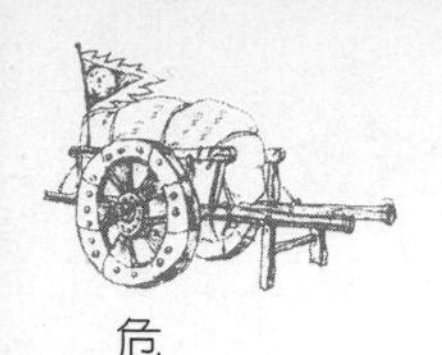

最後，依靠團隊成員共同解決問題，共同決策。

（三）規範階段

所謂規範階段就是指專案團隊的一切都趨於一致。經過震盪階段的成員們逐漸冷靜下來，開始表現出相互之間的理解、關心和友愛，親密的團隊關係開始形成。他們開始熟悉工作程式和標準操作方法，逐步熟悉和適應新制度。新的行爲規範得到確立並爲團隊成員所遵守。在這一階段，專案經理首先要儘量減少指導性工作，給予團隊成員更多的支援和說明。其次，在確立團隊規範的同時，要鼓勵成員的個性發揮。最後，也是最爲重要的一點，就是培育團隊文化，比如培養成員對團隊的認同感、歸屬感等。

（四）執行階段

這是專案團隊組成的最後一個階段，團隊的結構完全功能化並得到認可，內部致力於從相互了解和理解到共同完成當前工作上。團隊成員一方面積極工作，爲實現專案目標而努力；另一方面成員之間能夠坦誠、及時地進行溝通，互相幫助，共同解決工作中遇到的困難和問題，創造出很高的工作效率。

這個時候就是專案經理人大顯身手的好時候了。作爲專案經理人應該授予團隊成員更大的權力、幫助團隊執行專案計畫、集中精力了解掌握有關成本、進度、工作範圍的具體完成情況、做好對團隊成員的培訓工作，並及時對團隊成員的工作績效做出客觀的評價，採取適當的方式給予激勵。一個企業在組建專案團隊過程中所任命的專案經理如果眞能做到以上的要求，一個優秀的專案團隊就產生了。

第五章

一個好漢三個幫

鏢局之所以有二、三百年的歷史，一個主要原因是，他們懂得合作。一個人的力量即使再大也有限，當大家把所有力量聚集到一起時，就可與天鬥，與人鬥。鏢局中人可以與各種各樣的人和各種各樣的勢力合作，他們不但懂得合作的重要性，還懂得合作的技巧。但是，這一切只是江湖生存的方法，而不是生存的改善。想要擁有最佳的生存狀態，管理者就必須要有強悍的執行力。

我們一起開拓——合作，讓企業有了靈魂

當鏢局開始誕生但卻沒有大範圍興起的時候，它的前身——推著獨輪車上路的單個鏢師已經在大江南北出現了。

但這種獨行俠行爲終究是要被取代的。第一，它所接的「鏢」非常有限。雇主不會把大筆的銀子交給一個人，即使這個人有「三頭六臂」。第二，在路上一旦遇到盜賊，就會很容易失「鏢」。

當時中國經濟的迅猛發展，大戶與富戶的增多，讓鏢局應運而生。它，是以一個團隊的面目出現在眾人面前的。鏢師在路上的行爲舉止、工作效率都展現了中國最有效團隊的最重要的一個特性——合作。

合作勝於一切

殘陽如血，烏鴉飛鳴，在路上，行走著一群按照特定隊形、訓練有素的彪形

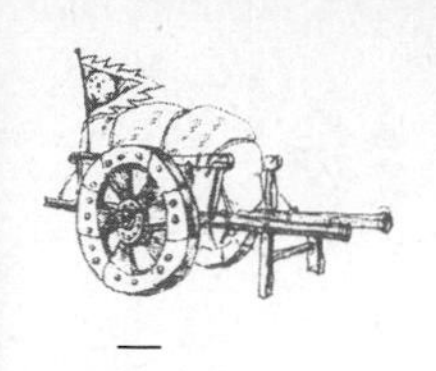

大漢。這就是一支傳說中的驍勇團隊：鏢局。「客人（雇主）坐在車上，貨物也分別裝在車上，車上插上鏢局的鏢旗，保鏢者騎著馬跟在車前後保鏢，一路上睜大雙目，時刻留神。」這就是李堯臣所說的行走在路上的情景。

眾所周知，鏢頭與鏢師時時行走在險象環生的行途中，不但要熟知陸上功夫和水上功夫，還得精通拳械、馬術，善使暗器。除此之外，鏢頭和鏢師還必須懂得江湖上的規矩與唇典，以便同可能劫鏢的綠林人物打交道。而趟子手是走道時喝道開路的夥計。梁羽生《鳴鏑風雲錄》裡的洛陽虎威鏢局的趟子手在路途中吆喝的是：「虎嘯中州虎嘯中州！請江湖朋友借道！」夥計與雜役並不是可有可無，他們是鏢局出外護鏢不可或缺的幫手。

由此可知，在路上，這個專案團隊的每個人都分工合作，不可或缺。就如狼群一樣。

領導狼群的責任由頭狼擔任，其他狼則共同承擔整個狼群的福祉。狼群中，並非每一匹狼都渴望成為領導者，有些狼比較偏好擔任狩獵者、看守或偵察員的角色。不過，狼群中的每一匹狼，至少都扮演著一種重要的角色。它們經常排著單一縱隊穿越人家，爲首的第一匹狼在鏢局中就是鏢頭，往往扮演著開路先鋒的角色。它會消耗極大的體能，當它疲累之後，它會移往隊伍旁邊，並讓下一匹狼擔任開路先鋒的任務。如此，不斷替換的開路先鋒，讓狼群的捕獵隊伍成員，能夠在耗費最少體能的狀況下，保留體力以應付即將面對的狩獵挑戰。

從幼年時期與成狼嬉戲的經驗裡，幼狼學習到領導狼群的能力，這是它們未來可能並必須承擔的重大責任。因此，它們也從中了解了整個狼群的發展，屆時這都將是它們生命的重要職責。對於一個優秀的專案團隊——行走在路上的鏢局而言，道理也是如此。在路上的鏢局裡的每一位成員，不僅僅需要盡個人的本分，更必須具備能夠隨時擔負起領導職責的能力，鏢頭就是從鏢師裡產生的，所以，任何一個鏢師在危急時刻都能成爲一個優秀的鏢頭。

鏢局不僅彼此合作，也會與其他人合作，比如與江湖人「借路一走」、與官府中人「借路一走」等等。他們通常只是爲了達到自己的目的，並且通常都能達

到。

是合作讓鏢局成爲鏢局，而不是別的，是合作讓鏢局有了靈魂。但是，並不要以爲任何一個鏢局在開創之初，每個人都會和其他人很好地合作。鏢局，在從「集體」到「優秀團隊」的過程中是經歷了很大變化的。這個變化可以用下表說明。

鏢局專案團隊合作級別表現一覽表

級別	表現
一	包括夥計在內，所有人都認爲自己在獨自做一項工作，而不是在團隊中工作。在鏢局內，各專案小組之間的合作不協調，在各小組之間隔著一條鴻溝。鏢師與總鏢頭、當家人之間信任度不夠。任何一項「改革」都會引起猜疑和反對。
二	鏢師們與夥計們都對當家人準備「祭出」的改進措施持合作態度。在鏢局內，這個團隊有了明確的、可衡量的目標。鏢師知道了誰是他們的顧客，不管是內部的還是外部的。從表面上看，他們是一個團隊，爲完成工作（坐池子、走鏢）而互相幫助。

三	如果沒有任務，鏢師們每天都會在練武場上進行武術切磋。鏢師和當家人在這個團隊中都有了明確的角色定位。鏢師、夥計們都學會多種技能，比如行話等。也就是說，在要求不嚴格的情況下，他們可以互換工作。
四	圍繞著生意，當家人可將團隊組織起來，並名曰專案團隊。而這樣的團隊很多。當專案團隊成立後，它就要設定自己的目標，以及在路上要花多少銀子。並隨時進行自我創新。
五	任何一個社會，都有團隊合作，這已經成爲社會的一種生存方式。鏢局可以保肉鏢、銀鏢、水陸鏢，一個團隊的多才多能意味著他們能很好地適應變化。鏢局的驍勇從此名揚江湖。

團隊合作是重要的，它能讓團隊擁有了靈魂，是一個整體，他們分開時每個人都驍勇善戰，聚攏到一起就是天下無敵。然而，團隊合作是有困難的。一個鏢局，倘若不能團結協作，就是一盤散沙。鏢局的當家人雖然大部分都是武夫出身，但他們卻不像現在有些企業裡的那些人一樣：沒有自知之明；或者是喊著要

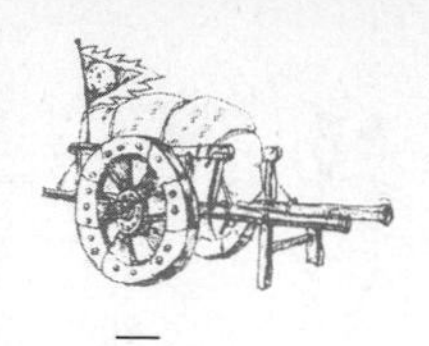

團隊合作，但背後做的卻是另一套；勾心鬥角，促成了部門的各自爲政；不斷地兜售自己對於團隊合作的信仰，好像僅憑口頭上的推廣就能讓它成爲現實一樣。

現代企業團隊的合作問題

爲什麼現在的一些企業團隊不能如鏢局一樣傲視天下？原因很簡單。首先，一個優秀團隊的建立是需要強制性的，鏢局雖然不如軍隊那樣紀律嚴明，但它內部規矩的嚴苛要遠遠地高於其他團隊。鏢局的任何人都是江湖中人，這就形成了他們重義氣、「老大說什麼就是什麼」的江湖道義。

在他們心裡，有崇拜的偶像：當家人；有他們自己的信仰：江湖道義，「拿人錢財，替人消災」。這就是鏢局能在最短時間裡能最大程度地進行合作的有力保障。他們把團隊合作看作是一種美德，至少是一種武德。

而看看我們當今一些企業中的團隊成員，也包括一些領導者，在他們心中，團隊合作就是一個程序，是必須要做的。「我有什麼選擇？難道站在一群合作夥件面前說團隊合作其實並不那麼重要嗎?」

鏢局的當家人從來不鼓吹團隊合作,而只是主動去做。在他們看來,鏢局就是一個團隊,合作是必須的,也是理所當然的。也正是因爲這樣,鏢師們從來不會產生「集體性的虛僞感」,他們從來不會覺得團隊合作是一個空洞的口號。他們認爲團隊合作就是自己的工作之一。

事實上,建設一支鏢局一樣的團隊是不容易的。這需要那些有著堅強意志、確立了自己的發展道路,並在職業生涯中取得了矚目成就的人,做出重大的行爲改變。

不管是古時的鏢局,還是當今的企業專案團隊,出現一些衝突是難以避免的。但在某些衝突爆發之前,一個優秀的團隊該如何識別這種可能導致衝突的「星星之火」呢?

在鏢局的專案團隊裡,解決這一問題,第一就要審視內部利益的分配問題。比如,有的鏢師認爲這一次擊退盜賊,自己出力最多,自己本應該拿到更多的獎

賞。他們如果這樣想了，那就證明他們還沒有眞正成爲團隊中的一分子，沒有團隊的責任感。但這種情況在鏢局專案團隊裡是很少發生的。他們覺得：自己是這個團隊中的一員，那麼就應該對整個團隊的工作負責，只有在團隊成功時才獲取回報。

另外，在現在的企業團隊裡，一些成員常常持有「相互爭鬥」的觀點，而這也是一個不可以避免的衝突之源。人與人之間、部門與部門之間或者是地域之間長期以來形成的對立，使成員對團隊意識缺乏熱情，使得團隊建設步履維艱。因此，如果你是當家人，你就需要明瞭自己對團隊行爲的期望，並對促進團隊目標的行爲表現給予相應的獎賞。

最後，有些成員對不停地被提問，或被要求提供挑戰性的見解感到困惑甚至是厭惡。經過一兩次團隊會議後，他們的表現每況愈下。這讓他們覺得很討厭，這通常也是衝突最可能發生的原因，他們可能會提出一些尖銳甚至讓領導者尷尬的問題。

在鏢局中，許多鏢師也會如此，他們往往對走哪一條路提出不同的見解，直到爭得面紅耳赤。可當家人卻覺得，在一個團隊中，對立的觀點是很有價值的，它能夠激發團隊仔細審視自己的分析和決策。當家人或者是在路上行走的鏢頭對於這樣的「對立」並不是不理會，而是將他們直接引入討論的重點。他們明白，只有用心聆聽大家的意見才能避免討論的氣氛被破壞。

一旦遇到這些問題，當家人或者鏢頭都會採取如下措施：保證每個鏢局成員接受鏢局的目標和他們在鏢局中的角色。也就是說，共同的目標是將整個鏢局維繫在一起的黏合劑。所有鏢局上下必須理解，鏢局爲之奮鬥的目標是需要每個人的付出和努力的；讓鏢師們忘記過去，放眼未來：過去的衝突和分歧都應該被忘記；認眞地聆聽，出色的聆聽技巧將大大地幫助你應對潛在的衝突。眞誠地聆聽成員的話，努力理解他們所表達的觀點。

一個優秀的當家人不會試圖去消除衝突，他只會盡力不讓衝突損耗他手下那些鏢師和夥計的熱情。

當你聽到「鏢局」這兩個字的時候，首先想到的就是一群人。而這群人在路上行走的時候，當你看到它們，就會想到，這是一群英勇善戰並且所向無敵的一個整體。

因爲合作，讓許多江湖人走進了鏢局，也正因爲合作，這些人讓鏢局有了靈魂！

藝高自然膽大——企業生存的「本錢」

鏢局的對手很多，大致可分為三種：盜賊、官府中人、地痞流氓。倘若與這些人合作不成功，可謂是寸步難行。而這些人也並非是善類，他們並不因為你是鏢局中人，就給你面子，順利地讓你過關。大多情況下，你必須要有與他們合作的「本錢」才能跟他們合作得很順暢，在摩擦與潤滑中到達目的地。

各種各樣的合作方式

想要與各地的官府中人合作成功，鏢頭必須會「虛張聲勢」，比如，不明說出自己的名譽東家是哪位官員，不但不明說，而且還或隱或現地將名譽東家的官職說得比實際官職高出許多。地方官員就會敬畏三分，他們不知道站在面前的這夥江湖人物的後臺到底有多硬，只好將這塊肥肉放行。

當鏢頭得知官員與自己「合作」成功後，並不因此而高興地轉身就走，還要送上點薄禮，以示對地方長官的「孝敬」。這樣，大家都熟悉了，下次再走至此，也就節省了專案團隊的時間與精力。

與地痞流氓合作的「本錢」很簡單，只是用武術技藝與武德即可以了。先用武術技藝將其擊敗，然後在該收手時收手，這就是鏢局與對手合作的另一本錢：武術技藝上的手下留情。這並非眞的是出於對武術最高道德的尊重，而是出於對對手的尊重。這種尊重無非是讓對手知難而退，從此不再來騷擾。

鏢師有夜行功夫，這種功夫主要用於爲「宅門」看家護院，和爲商號「坐夜」也就是「坐池子」。通常情況下，鏢師進入宅門後，在行規上是對雇主的家政不聞不問。可一旦一無所知，就無法開展工作。於是，只能注意一下人際關係，以便確定重點保護對象。

雇主請鏢師來護院，並不會告訴他該保護什麼。沒有一個雇主會說：「我家的財寶在……」鏢師只能從各種人際關係中尋找出錢財細軟的持有者來。在清朝，一般說來是老爺主政，太太掌財，但也有時是太太虛有主婦的名分，而是姨太太掌財。旗門（滿族貴族）有時是姑奶奶終身不嫁，一生待在娘家既主政又掌財。

「沒有內鬼，引不來外賊。」竊賊入宅門行竊，不能大海撈針，往往先買通內線，爲之指明錢財細軟的存放處，護院的行規雖然不許打聽雇主的錢財狀況以及存放之處，但鏢師不能心中無數。

鏢師護院，趕賊爲上策，擊斃爲中策，生擒活口是最下策。一旦生擒活口，說不定給自己和雇主都帶來麻煩。對於雇主的仇家，鏢師不但不能明問，就是暗中了解到了，也要裝作全然不知。鏢行的規矩——忌知仇家。

入院的飛賊一旦被鏢師發現，當然是奪路而逃，鏢師則大呼捉賊，縱身而上，雙方有時也會對上幾招，但多是虛晃，爲的是給打更的人看。賊人逃逸後，鏢師絕不眞追，一者是鏢師忌擒生口；二者是「窮寇莫追」的江湖經驗告訴他不能追。而飛賊有時也故意留下點「遺物」，給鏢師去當報功的憑證，避免鏢師追

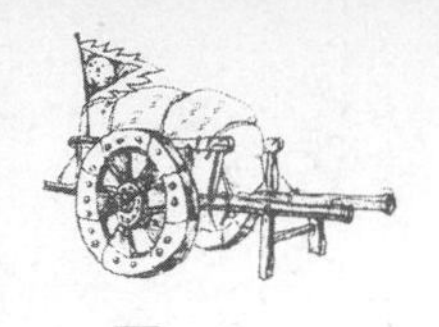

趕。飛賊留下「遺物」時往往喊聲「接著」；鏢師則回一聲「著打」，並飛出兩顆飛蝗石子，打得房瓦振響，一場夜戰也就宣告結束了。

所以，與賊人合作，最重要的就是手下留情。

但當遇到「餓虎」的時候，這種合作方式就要改變了。學者方彪說，「餓」者，餓紅了眼也。「虎」者，有些眞本事也。餓紅了眼，而又有些眞本事的賊匪，見了鏢車當然志在必得，所以和「餓虎」相遇，無任何商量餘地，只能是「要麼你死，要麼我死」。

「餓虎」劫鏢大多情況下是先把交通阻斷，如破壞橋樑、設置路障。其中最常用的方法是事先鋸斷了路旁的兩棵樹，用繩子牽著，等鏢車一到，立即放倒。樹一倒，潛伏在路旁的賊匪們一擁而上，見了鏢師後不容分說舉刀就砍，由於倒樹斷了道，押車的鏢師無法打馬狂奔奪路衝出，幾個賊匪用車輪戰的方法困住一個鏢師，當鏢師們都被「釘」住後，小匪們就扛起鏢車上的財物狂奔而去，車上的東西差不多被搶光了時，一聲口哨，圍困鏢師的賊匪們則立刻逃散，劫鏢行動也就宣告完成。

倘若「餓虎」沒有阻斷交通，那麼這只虎就是餓極了，餓得連鏢車也準備一同吞下。有經驗的鏢師一見到這種情況，就會做出如下舉動：把騾馬的牽引繩割斷。在劫鏢的過程中，無論匪方阻斷交通與否，鏢師都希望能打一場持久戰。時間只要一長，附近的官府和地方勢力就會趕來。地方勢力雖無緝匪捕盜之責，但光天化日之下，竟然敢在坐地虎的地盤上劫道，是沒有把他們放在眼裡，他們為了爭口氣，就會聚集無數人馬趕到出事地點。正所謂好漢架不住人多，「餓虎」見地方勢力非同小可，只能走為上策。

在路上，鏢師一旦和「餓虎」相遇，免不了要掛彩，甚至犧牲。所以說，鏢師以身殉職也是再正常不過的事了。與這些餓極的盜賊「合作」，就是競爭。在競爭中求合作。也正因為此，「餓虎」劫鏢車，鏢師才有存在的價值和發展的可能。所以，有人說，鏢師真正的衣食朋友不是打杠子的「山大王」，而是敢於共同流血的「餓虎」。正是這些兇狠的對手，在「合作」中讓鏢師有了發揮自己

武術技藝的機會。也正是因爲此，鏢師才會把「餓虎」看作是自己最佳的合作夥伴。而合作的本錢就是鏢師的武術技藝與江湖經驗。

也正是因爲有這些對手，鏢師們在成長的路上才越走越寬，越走腳步越大。

沒有對手就沒有自己的成長

「千叟宴」是清朝康熙大帝在繼位執政六十年之際舉行的一場與民同樂的大宴會。據史料記載，康熙在宴會上敬了三杯酒，第一杯敬孝莊皇太后，感謝這位女人輔佐他登上皇位，一統江山。第二杯酒敬眾大臣和天下萬民，感謝眾臣齊心協力盡忠朝廷，萬民俯首農桑，天下昌盛。

他慢慢地端起第三杯酒，很有意思地說道：「這杯酒敬我的敵人，吳三桂、鄭經、葛爾丹，還有鼇拜。」

這些人都已經死掉了，康熙敬的酒，他們根本就喝不到。就如鏢師們回到鏢局大碗喝酒的時候，肯定也會敬那些餓虎一樣。康熙敬那些死人的理由是：「是他們逼著朕建立了豐功偉績。沒有他們，就沒有今天的朕。我感謝他們！」

假設一下，如果沒有吳三桂這些敵人，康熙會有一番豐功偉績嗎？哲人說，「一個人的身價高低，就看他的對手」。倘若一個人沒有對手與你「合作」，你根本就看不出自己的價值，顯示不出你的能力。

康熙這個鏢頭在保護自己的江山於路上行走的時候，吳三桂、鄭經、葛爾丹，還有鼇拜這些餓虎總想搶了他的「鏢銀」——大清江山。可惜，這些餓虎在康熙這個鏢頭手下，並沒有得逞。

我們說鏢師們與對手的「合作」，並不僅僅是指「化干戈爲玉帛」的溫柔一刀，與「餓虎」這個強大對手的流血「合作」才是鏢師們引以爲傲的眞正的合作。在這種合作中，他們有合作的本錢：高超的武術技藝、驚天動地的勇敢。

與對手合作的好處就是，他總會給你帶來壓力，逼迫你努力地投入到「競爭」與「戰鬥」中去，並想辦法成爲勝利者。在同對手的對抗合作中，你才能眞正磨練自己。在任何時候，任何年代，你的對手就是你前進的推動力，是你成功

的催化劑。

在路上，許多盜賊給鏢師們留一條路走，當這些人來到京城的時候，合作關係依舊存在。一日合作，終身合作。只要鏢局還存在，鏢局與盜賊的合作關係就不會終止。

劫鏢的「餓虎」則沒有可能和鏢師往來，所以鏢路上的朋友，只有經鏢師點過春的，才能成爲鏢局的座上客，是鏢局需要經常接待的朋友。賊頭匪首們在山溝、道邊待夠了，蹲膩了，和鏢師們也混熟了，於是心血來潮也要進京城逛逛，開開眼界。在他們進入京城開始，鏢局就爲這些合作夥伴提供各種幫助，包括不要被官府緝拿。而維持這種合作的本錢無非就是鏢局的後臺：朝廷的高官！

翻遍各種各樣關於鏢局的資料，從中得出這樣一個很怪異的結論：鏢局的競爭對手居然不是同行，而是總想占鏢銀便宜的那些人。從這點來講，鏢局和企業一樣，也是競爭性組織。

既然是競爭性組織，就必須有與之競爭的對手。一個沒有對手的鏢局，是沒有競爭力的。連餓虎都不劫你，可見你所走的鏢的重量有多輕了。

會友鏢局是京城第一大鏢局，其鏢師在路上經歷大小戰役無數次。會友鏢局越戰越勇，終於成為天下第一鏢局。一個鏢局的競爭力來自於對手的強弱，對手的強弱決定其自身競爭力的大小；沒有對手的鏢局，自身也會消亡。這就是鏢局合作夥伴——餓虎存在的最大價值。

與鏢局不同的是，作為競爭性組織的當今企業，在經營過程中卻不能以消滅競爭對手為唯一目的。在激烈的市場競爭過程中，企業同樣面臨如何「保存自己」的問題。研究五百強企業的經營之道，很重要的一條就是：穩健經營。在這一經營之道的指引下，他們投資和經營的前提是如何不會虧損，有了這個前提，然後再談如何能夠贏利。

有一個很好的比喻，這很像我們經常見到的各種場館等大型建築。很多人不會注意，設計、建築一個可容納萬人、數萬人的劇院，建築設計師優先考慮的不是如何能夠容下這些人，而是如何使這些人能夠順利撤退——安全通道和安全

門。如果不解決這個問題，這個場館不僅是失敗的設計和建築，而且會釀成災難。安全與撤退，是企業經營管理中的重要機制之一。

在路上，一個優秀的鏢頭，他第一要知道誰是敵人；第二要知道敵人在哪裡；第三要知道用什麼方式戰勝敵人。了解對手的動態，關係到鏢局的生存。但是餓虎絕對不會給鏢頭們這樣的機會，他們往往是突然從天而降，又忽然平地消失。所以，這種合作方式更是讓鏢局得到了近乎神速的成長鍛鍊。

與對手合作，鏢局們是有經驗的，在不斷地與對手的交手過程中，鏢師們知道了一條最寶貴的走鏢經驗：只要你有本錢，無論與誰合作，都不是問題。

江湖談資的妙用——溝通讓合作順暢無阻

什麼是溝通？

現代理論認爲，溝通就是資訊發出者和資訊接收者之間的資訊交流。而團隊中的溝通和我們平時生活中的交談、聊天還是有一定區別的。

所謂團隊的溝通，是指在團隊成員之間交換可以正確合理地傳播、接收和執行的資訊。溝通包括資訊的發送者和接收者之間資訊的交換和理解。一個主意，還不能算是資訊，團隊工作的品質，從很大程度來講，取決於他們分享的資訊的品質。

在鏢局中，團隊溝通的前提是當家人、鏢頭與鏢師的溝通。

鏢局行走在路上，作爲一個鏢頭如果不能與隨行的人進行行之有效的溝通，了解他們的需求，那麼，這個鏢頭起碼是個不稱職的鏢頭。在現代企業中，優秀

的領導者都是溝通的佼佼者，他們個個都是最擅長將自己的理念、目標和熱情傳播給別人的人。不僅如此，他們平常還喜愛閱讀有關「溝通」方面的書刊，一有機會，就參加「溝通」訓練課程。總之，他們喜歡與人溝通，並努力學習做個成功的溝通者。

在鏢局的專案團隊中，溝通在各個方面都已得到廣泛應用，在指導和管理工作中的作用尤爲重要。特別是在鏢頭與鏢師之間，如果沒有溝通，他們根本不可能達成一致的目標。

現代ＭＢＡ教學很重視人的管理統御，尤其是溝通這門高層管理統御藝術。而且，在當今的商業社會裡最注重的就是「一個專案團隊的上下溝通」。

現代人之所以有這樣的認識，就是因爲眞正的意見溝通是雙方的，如果管理統御階層和員工之間無法以面對面的方式來融洽地交換意見，那意見溝通是不可能收到任何效果的。

一位偉人曾經說過，人生成功的秘訣，在於你能駕馭你四周的群眾。這位偉人的話可謂是一針見血，身爲一個企業的帶頭人是很難靠自己個人的力量贏得天下的。他必須明白一個道理：要經常依賴他人的大力支持和合作，才能完成自己的使命。因此，領導者本身成功與否，完全取決於他與團隊成員、上司、部屬與顧客「上下溝通順暢」的能耐和技巧。

爲什麼要進行上下溝通？首先，在許多鏢頭看來，在路上行走時，往往有諸多危險因素不可測知，所以，上下溝通，充分利用「集體智慧」，可以從中產生最佳的決策。第二，可以從新的角度來檢討、改善自己在路上的管理風格。第三，當專案團隊遇到危機的時候，上下溝通可以同心協力共渡難關。第四，對鏢師與夥計們的想法、感受有了更充分的了解，能快速地與他們建立起更親密、和諧的關係。最後，上情下達，下情上達，可以促進彼此間的了解。

鏢頭與鏢師之間的溝通效率是很高的，因爲他們吃、喝、睡在一起，在這麼多時間裡，他總能找到時間來和鏢師們溝通。他們的溝通方式包括：

（一）聊天

當吃完晚飯，除了在鏢車附近巡視的鏢師與夥計外，其他人都坐在一起，大家談天說地。鏢頭會和他們談一些有關這趟鏢可能存在的危機，大家各抒己見。在聊天中，也許就有了明天路上該如何確保安全的好辦法。

（二）解除鏢師後顧之憂

大部分鏢師在上路前，都有一種想法，此次一旦碰到「餓虎」，恐怕生命難保，那麼「上有老，下有小」的一家子該怎麼辦？當家人往往在他們出發之前會做出「讓他們放心家裡」的暗示，暗示他們，即使爲鏢局而犧牲，他的家人也會由鏢局來養。

（三）幫鏢師們制定發展計畫

任何一個鏢師都想做鏢頭，這是人之常情。而鏢頭在這方面並不會打壓這些鏢師，他們信奉的是江湖道義，只做君子，從不做小人。他們會幫助鏢師逐漸成長爲鏢頭。

（四）當家人會鼓勵鏢師越級報告

鏢頭在路上有什麼不對的地方，無論是行爲道德還是管理方法，鏢師都有責任向當家人進行報告。當家人所住屋子的門永遠都是敞開的，爲的就是讓鏢師隨時可以進來找他。在路上，當鏢師遇到鏢頭的刁難時，就可直接向當家人提出。這種鏢局文化使得人與人之間相處時，彼此之間都能做到互相尊重，消除了對抗和內訌。

在鏢局的專案團隊溝通中，沒有太大的障礙阻礙溝通順暢。倒是在現代企業中，有許多因素妨礙了溝通的進行。一個眞正的阻礙因素就是，公司領導者不信任員工。他們不會將公司記錄公開，因爲他們不信任自己的員工，並且認爲員工沒有能力理解這些數字，了解公司的全貌不是員工的事。可是，你既然不信任員工，那你爲什麼雇用他們？

下面是將鏢局的溝通建設與現代企業的溝通建設做的一組對比，雖然古代鏢局已經消失了，但其溝通方法還是可以給我們一些借鑒作用。

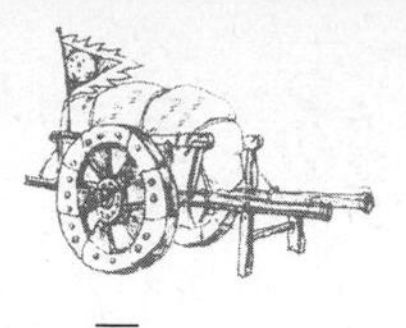

鏢局專案團隊	現代企業團隊
鏢頭的權力是當家人賦予的，其權力大小與路上遇到的困難成正比。	依溝通需要來決定管理者的管理許可權。
每一位鏢師在路上的工作都是單一的，只是走路，四處查看情況。	認清自動化已將員工從單調的事務工作解放出來，員工要求從事更有意義的工作。
鏢頭要明白一點：鏢師們也是武術搏擊好手。	認清你面對的是受過良好教育的、具有更多技能的、更多資訊的員工。
讓鏢師們知道他們自己有時候也是鏢頭。	適當地授權。
夥計的工作就是夥計該做的，鏢師也如此。	每個職務的工作負擔公平。
鏢師們很可能就在你的暗示中覺得自己下一次就將是路上的鏢頭。	滿足員工對職務的期待。
江湖人之間，沒有命令，只有溝通。	用溝通替代命令。
鏢頭應以鏢師在路上的態度分析出他在以前局子裡所受到的待遇。	體諒員工現有的態度是由過去的各種原因造成的，要針對原因採取對策。
每一位鏢頭都會對著鏢師說：能否到達目的地，主要看你。	讓員工知道他所承擔的工作的重要性，讓他知道他是重要的。

溝通在管理統御中的重要性已經越來越受到了重視，改進溝通，消除障礙，已成爲團隊管理中人們最爲關切的問題。溝通，讓合作順暢，讓鏢局眾志成城，順利到達目的地。溝通只是手段，眞正的目的是合作。鏢局上下團結一心，在鏢旗的迎風飄揚下，邁步向前！

當年鏢局的管理溝通是否能給當今企業帶來一點啓示，那就看領導者怎麼能透徹地理解鏢局的溝通方式與技巧了。

是騾子是馬，拉出來遛遛——合作的終極：執行力

據李堯臣講，「走鏢的時候，遇見賊人，雙方沒說好，得交手了，鏢師得格外拚命向前。因爲保鏢全看個人的膽氣，鏢師要不賣力氣，讓別人看著，就顯著『沒種』，沒法出頭了。總之，做賊的人，固然是亡命之徒，保鏢的也是亡命之徒。你要豁不出去，不跟賊人較量較量，丟了鏢，得賠帳不說，往後誰還找你？」

這其實就是鏢局專案團隊的執行力，鏢師要「格外拚命向前」，鏢頭更要「格外拚命向前」。總是講專案團隊應該合作，爲什麼要合作，無非是提高每個人的執行力而已。

但是，即使鏢局這樣的驍勇團隊，也有執行力不好的。京城八大鏢局之外的許多小鏢局即是如此，所以，他們的生意很少，慢慢地，就淡出鏢局的歷史舞臺了。曾在蘇州名噪幾個月的威旗鏢局的當家人徐金虎乃江南第一功夫好手，不比北方的幾位當家人差，他的後臺是當時的蘇州知府。手下鏢師大部分是聞名江湖的好漢，但就是這樣一個「硬體」已經很厲害的鏢局卻在幾個月後關門大吉了。原因是，徐金虎的鏢師們總是丟鏢，最後一次，居然把官府的銀子弄丟了！

有關史料表明，這家鏢局之所以失敗，原因就在執行力上。

第一，徐當家人作爲管理者，並沒有將鏢師的執行力常抓不懈。從大方面來講，對自己當初亮鏢時所許下的「行規」不能堅持執行，虎頭蛇尾。小的方面是，鏢頭在路上只安排鏢師該怎麼怎麼樣，自己卻跑到屋裡睡大覺，不檢查。檢查工作時前緊後鬆，工作中寬以待己，嚴於律人，自己沒有做好表率等等。古人說的「其身不正，雖令不從」，就是這個意思。

執行力不佳的第二個原因就是，當家人徐金虎在制定本鏢局制度時不嚴謹。處於江南的他，根本不明白北方武林制定的鏢行行規到底有多重要，出於對北方鏢行的尊重，他才隨便制定了幾條「規矩」，但在後來的日子裡，他又朝令夕

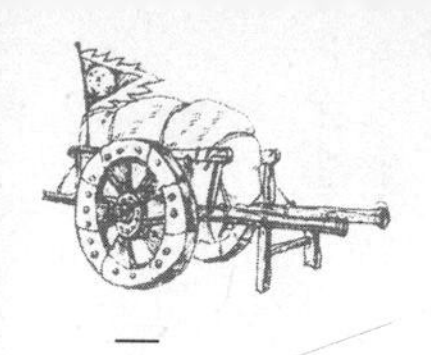

改，讓下面的鏢師，甚至總鏢頭在內都無所適從。而當他眞的去北方取回眞正的完善的鏢局行規時，下面的人已經沒有人聽他的了。狼喊多了，等眞的狼來了也就沒有人相信了。

第三，威旗鏢局的行規本身就不合理，缺少針對性和可行性。其實，鏢局的任務很簡單，就是把別人委託的財產安全送達目的地。而徐金虎在後來所制定的制度裡卻有許多是與此無關的內容。其實，鏢師們進入到鏢局，就要聽命於當家人與總鏢頭的一切指令。那麼，當家人每定一個制度就是給鏢師們頭上戴了一個緊箍咒，這進一步增加了這些執行者內心的逆反心理，最終導致鏢師們敷衍了事，使鏢局的規定流於形式。

第四，鏢師們在執行的過程中，流程過於繁瑣，不合理。比如，徐當家人規定，鏢師在上路的時候，行爲舉止不得有半點馬虎。甚至包括穿衣吃飯如每餐吃幾個饅頭的事情都寫進制度裡。

第五，鏢局在路上時，沒有一套科學的監督考核機制。這裡面大概有兩種情況，一是鏢頭不監督，二是鏢頭雖然監督鏢師，但方法不對。威旗鏢局的鏢頭總是在路上吃了睡、睡了吃，鏢銀一丟，他就領著鏢師與夥計們回到鏢局。

第六，徐當家人經常給鏢師們做多餘的培訓。鏢局重視培訓本無可厚非，他的本意是好的，無非是想提高鏢師們的能力，增強鏢局凝聚力。但徐當家人的培訓不夠水準，基本上達不到效果反而成了多餘的。

一般的鏢局培訓步驟應分為：講解、示範，演練、鞏固。比如武術技藝，先是由總鏢頭或者是他自己講解一下，然後是示範，接著是讓鏢師們演練，最後，讓他們經常鞏固提高。李堯臣剛進會友鏢局的時候，就要學三皇炮錘拳，並且在師傅的講解與示範下演練，經常鞏固。可徐當家人只做到了第一步：講解。他的那一套功夫和總鏢頭的功夫該怎麼練，他就不說了。有人做過這樣一個比喻：好的培訓應該是，「不僅僅是講怎麼騎馬，還要進行示範，最後再把你扶上馬，讓你自己去體驗，最後再送你一程，看看行了才算結束」。

最後一點，徐金虎的鏢局從開始到結束，就沒有形成凝聚力。也就是說，鏢

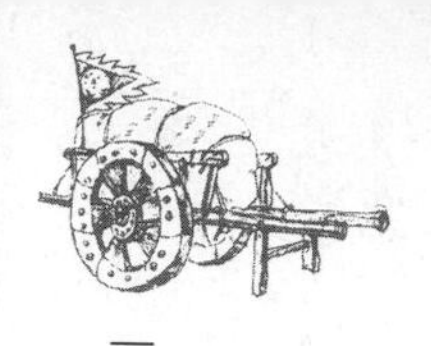

局的許多所爲沒能有效地取得上下的認同。

徐當家人後來去做了京劇武生，所有的功夫與氣力都搬到舞臺上去了。在鏢局，他什麼都沒有做成。

和鏢局一樣，企業要想強化自己的執行力，必須從制度的制定者做起，還要充分考慮到環境對執行者意識、心態的影響，最終還要對執行者進行正確的引導，才能使一個規定得以順利地貫徹執行。靠制度約束可以讓執行者做到六十分，你也說不出什麼來，

但如果注重了執行力的強化，同樣的人、同樣的條件、同樣的方法，可能會取得八十分，乃至一百分的效果。

鏢局講合作，無非是想讓鏢師們在合作的基礎上提高執行力。當遇到盜匪的時候，能飛快地出擊，將盜匪立斃刀下。這就需要一個優秀的鏢師有一種別的員工沒有的「敬業精神」，這樣你才能得到總鏢頭和當家人的賞悅。

當年的鏢行，競爭是很激烈的。雖然每個鏢局都會劃出自己的接鏢範圍，但

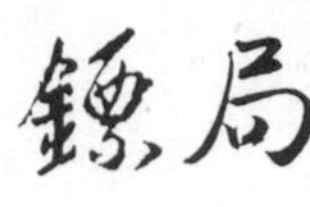

往往許多客人只認鏢局的影響力，他們寧可多走幾百里地去找一個有影響力的鏢局，也不會在附近找一個小鏢局。在這種情況下，執行力無疑就成了鏢局的核心競爭能力。

怎樣提高鏢局的執行力呢？京城八大鏢局的成功倒可以給我們一點啓示。

第一條，一個堅強有力的當家人。京城八大鏢局之一的「源順鏢局」，創始人就是被稱為武林名俠的王子斌。一個堅強有力的當家人是提高執行力的前提。一個獅子領導的綿羊隊能勝過綿羊領導的獅子隊。有句古語叫「兵熊熊一個，將熊熊一窩」，當家人的執行力決定了鏢局的執行力。同時，鏢頭也應該是個果斷堅決、遇事不慌、武術超群的厲害角色。只有這樣，才能在路上將鏢師變作猛虎。

第二條，驍勇善戰的專案團隊。驍勇善戰歷來都是鏢局專案團隊的基本素質之一。素質優良才能提高執行力。執行力就是完成目標的能力，完成目標是要靠人來完成的，沒有人來執行一切都是空中樓閣。所以說，組織的執行力來源於個人的執行力。個人的執行力取決於個人是否有良好的工作方式與習慣，是否有正

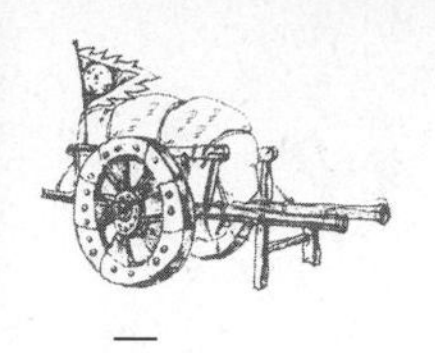

確的工作思路與方法等。在鏢師身上，就是要看他是否有過硬的武術技藝，是否熟悉江湖行話，是否在遇到事情時能找到正確的方法並加以解決。

第三條，「不講藉口，只看結果」的鏢局規矩。鏢局的師傅們來自五湖四海，在來鏢局前，大部分都是打把式的。「把式」又叫「夜叉」，是過去江湖上對武術的稱呼。江湖上把靠武術吃飯的人稱作「打把式的」，管這一行叫「掛子行」。可以知道，他們每個人有著不同的背景、不同的從業經歷、不同的武術套路。自然，他們完成目標的方法各有所長，只要能用他們樂意的方法達到效果，那就是鏢局達標和員工快樂的最高境界。在鏢局中，沒有什麼藉口，當家人看的就是這趟鏢是否走成。其他的，都不是當家人關心的問題。

第四條，八大鏢局都有一套自己秘不外傳的規矩。在鏢局當家人眼裡，管理就是簡單化。沒有那麼多複雜流程。顧客將財物拿來，交到櫃檯上，櫃檯算好帳目，交於總鏢頭，總鏢頭馬上挑選鏢頭、鏢師與夥計，算夠人數，立即上路，就這麼簡單。

第五條，專案管理的正確運作。一旦上了路，鏢局當家人就明白「將在外君令有所不受」的道理了。鏢頭的正確領導與運作是執行力強弱的關鍵，也是走鏢成功的關鍵。

最後一條，賞罰有度。從古老的中國人事智慧那裡，鏢局學到了「公平獎懲的激勵是提高執行力的泉源」。有了公平獎懲的激勵，專案團隊的執行力就可以成爲永不停息的發動機。激勵就是動力，鏢師就會由螺絲釘變爲發動機。有了好的激勵制度，就會馬不揚鞭自奮蹄。

京城八大鏢局之所以能存在那麼多年，並且在其存在的時候，各方都知道他們的厲害，無非是重視執行力的原因。

他們能保障鏢銀完好無損地送到目的地，不一定很快，但卻絕對安全。

任何一個企業也是如此，安全有序地行走在路上，無風無浪地一直那麼行走著，即使遇到風浪，也能在員工強大的支援下轉危爲安。笑到最後，才最值得慶倖，才是最好。

第六章

八大鏢局的江湖式生存

當年，京城八大鏢局名震江湖，這八大鏢局的名聲無非是靠著卓越的當家人和一群懂得江湖式生存的鏢師們。現代企業從這八大鏢局的生存方式上，應該能找到自己企業的生存方式。市場就是江湖，有人的地方就有江湖，對企業而言，選擇一種生存方式在這個世界上尤為重要。企業的江湖式生存可以有很多種，但從八大鏢局的生存方式中，我們可以看到，只有適應江湖，適應市場，才能找到你最佳的生存狀態。

當家人的江湖夢——目標你一定要有

當年的京城八大鏢局分別是會友、永興、義合、志成、正興、同興、義友、源順鏢局，爲什麼這些鏢局被稱爲八大鏢局，他們憑藉的資本是什麼呢？也就是說，什麼樣的鏢局才能躋身於大鏢局行列呢？

不妨看看李堯臣對會友鏢局——八大鏢局之首的論述：「會友鏢局是最大的一家，開設在糧食店南頭路西。另外還有些跑散鏢的，沒有鏢局這麼大的規模，可是名氣大的，也總有人找他們保鏢。其中最有名的，就屬貫市李家，相傳是彭公案中神彈子李五的後人。在我進鏢局的時候，正是會友最盛的時代，在南京、上海、西安、天津各地，都有分號。鏢局的規矩和一般商號不同，都是師徒關係。那時，南北各地，師兄、師弟、師叔、師大爺，共有一千多人。常在北京櫃上的，總有二三十人。」

另外，我們再看看王五開設的源順鏢局的情況：當年的源順鏢局正門是朱漆大門，大門右邊懸掛一面杏黃旗，上面寫著「源順鏢局」四個大字。門道東、西牆上分別高掛著「德容感化」和「義重解驂」兩塊金字橫匾。門道裡還有「尙武」、「濟貧」兩塊小匾額。

王五武功高超，行俠仗義、結交廣泛，是地地道道的江湖豪俠，上到王公顯貴，下到街頭混混兒都和他有來往。他和清末維新變法人物譚嗣同還有過一段莫逆之交。

王五爲源順鏢局立下幾條規矩，一是江湖上朋友來訪只要提到是大刀王五的朋友，就要盛情款待，贈送盤纏。二是要冬施棉衣，夏施單衣，逢年過節時，周濟窮人。

由於源順鏢局的信譽非常好，並且，王五本人樂善好施，所以，不久，一個只有四十多人的小鏢局便躋身於八大鏢局行列。

由此可知，八大鏢局首先是有一個優秀的當家人，另外，對於江湖道義，鏢局上下都能嚴格地遵守，無悔地實施。

所以，所謂八大鏢局，並不僅僅是以人多勢眾來作爲衡量標準的。在八大鏢局的成長過程中，是什麼因素延續了他們的壽命？在一些人眼中鏢局無非是一群武夫聚合在一起，爲了賺錢而保護別人財產的一大群人而已。但是，一群烏合之眾怎麼可能存在近百年？現在的企業雖然不是一群烏合之眾，但又能存在幾年？

作爲鏢局的領路人——當家人，他們是否在開辦鏢局之初就只想聚合一群人而已？

如果對鏢局這樣理解的話，那就是大錯特錯了。八大鏢局的任何一個當家人都不是純粹的魯莽武夫，他們在開辦鏢局之初在心中就有了目標，只不過這個目標很簡單、很直接而已。

一個團隊的建設實在不是一件容易的事情，著名的顧問傑弗·本做過這樣一個調查：團隊成員最需要團隊領導者做什麼？結果是三分之二的員工回答，希望團隊領導者指明目標或方向；當問到團隊領導者最需要團隊成員做什麼，幾乎所有人回答，希望團隊成員朝著目標前進。

這個調查給了我們一個很好的啓示：目標在團隊建設中是非常重要的，它是團隊所有人都關心的事情。「沒有行動的遠見只能是一種夢想，沒有遠見的行動只能是一種苦役，遠見和行動才是世界的希望。」正是說明了目標的重要性。

在八大鏢局的當家人看來，一個鏢局要吸引人，形成一個有效的群體，首要任務便是要確立團隊的事業目標。這個目標既是對團隊成員的利益驅動，又是對大家行爲方向的界定。可以這樣講，當家人將鏢局的目標看作是鏢局運作的核心動力。

現代企業理論認爲，團隊目標是一個有意識地選擇並能表達出來的方向，它運用團隊成員的才能和能力，促進組織的發展，使團隊成員有一種成就感。

也就是說，團隊目標表明了團隊存在的理由，能夠爲團隊運行過程中的決策提供參照物，同時能成爲判斷團隊進步的可行標準，而且能爲團隊成員提供一個合作和共擔責任的焦點。

比較可惜的一點是，這些當家人並沒有把自己鏢局的目標寫在紙上流傳下來。也許，這也正是他們的優點，沒有條條框框，只用實踐來佐證自己的一切理論。

八大鏢局的當家人很明白的一點就是，在進行鏢局建設時，覺得為鏢局確定目標是比較容易的，但要將鏢局目標灌輸於所有鏢師腦袋裡並取得共識——責任共擔，可就不是那麼容易的事情了。

所謂責任共擔的團隊目標並不是要團隊每個成員都完全同意目標，即使是現在的企業也無法做到，一種很「中和」的解釋就是：儘管團隊成員存在不同觀點，但為了追求團隊的共同目標，各個成員求同存異並對團隊目標有深刻的一致性理解。比如鏢局在制定自己目標的時候，肯定會有不同意見，但當家人並不要求每個鏢師們完全認可自己所確定的目標，可有一點必須要做到：服從這個目標。當家人制定的目標絕對不會害鏢師，這是每個鏢師都明白的道理。

當家人在鏢局開設之前就已經有了自己的目標，但待鏢局成立、人員到齊

後，需重新進行目標的制定工作。

首先，對鏢局上下鏢師、夥計進行摸底。對這些人進行摸底就是向他們諮詢對鏢局整體目標的意見。這非常重要，一方面可以讓他們參與進來，使他們覺得這是自己的目標，而不是別人的目標；另一方面可以獲取成員對目標的認識，即團隊目標能爲鏢局做出什麼別人不能做出的貢獻，團隊成員在未來應重點關注什麼事情，團隊成員能夠從團隊中得到什麼，以及團隊成員個人的特長是否在團隊目標達成過程中得到有利發揮等，通過這些摸底，廣泛地獲取成員對團隊目標的相關資訊。

其次，當家人與總鏢頭對獲取的資訊進行深入加工。在摸底收集到相關資訊以後，聰明的當家人不會馬上確定鏢局目標，而是和總鏢頭就成員提出的各種觀點進行思考，留下一個空間給團隊和自己一個機會，回頭考慮這些提出的觀點，以緩解匆忙決定帶來的不利影響。現代有句關於團隊管理的話——做正確的事永遠勝於正確地做事。這正是當家人所信奉的至理名言。

第三，與鏢局上下討論目標表述。現代團隊理論認為，樹立團隊目標與其他目標一樣也需要滿足SMART原則：

Specific：具體的。

Measurable：可衡量的。

Attainable：可達到的。

Relevant：具有相關性。

Time-based：具有明確的截止期限。

與團隊成員討論目標表述是將其作為一個起點，以成員的參與而形成最終的定稿，以使獲得團隊成員對目標的承諾。雖然很難，但這一步確是不能省略的。

大鏢局的當家人總會在很早的時候就起床，走到院子中來，看到鏢師們在練武，就走上前，忽然問道：「你覺得現在鏢局的目標怎樣？」或者是，組織所有鏢師們在一起，一面說些江湖閒話，一面就把目標問題提上來，大家在這種「引導」下沒有那麼緊張，自然就能暢所欲言了。

第四，當家人確定鏢局目標。通過對團隊摸底和討論，修改鏢局目標表述內容以反映團隊成員的目標責任感。雖然，很難讓百分百的成員都同意目標表述的內容，但求同存異地形成一個大多數成員認可的、可接受的目標是很重要的，這樣才能獲得成員對團隊目標的眞實承諾。

最後，當家人用行動來實現目標。這些當家人都是武術高手，是屬於動手不動口的人。在目標上同樣如此，只動手不動口。他們不會不厭其煩地講解目標，而是在實踐中將目標實現。也就是現在所謂的驗證目標。

所謂驗證目標，就是對已知的部分進行驗證，而那些未知的部分，只能在行動中發現、調整和解釋。只要方向明確，即使走了錯路也比原地踏步更能接近目標，因爲積極有力的行動會促成變化，將錯誤導入正確的軌道。有人將那些令人驚歎的成功形容爲「有目的偶然事件的副產品」，也就是說，是碰運氣的結果。但別忘了「碰」，他是用行動才能做到的。

總之，對團隊目標達成一致並獲得承諾，建立目標責任是團隊取得成功的關鍵。如果團隊成員追逐著與團隊總目標不一致的個體小目標，那麼，後果是極其嚴重的。

比如說，三個鏢師一起執行一趟走鏢任務。本來，大目標就是把鏢銀送到目的地，可甲鏢師覺得走山路不安全，於是，一個人帶了三分之一銀子走上了大路；乙鏢師認爲，走山路才安全，就帶了三分之一銀子上了山路，丙鏢師倒是一個老實人，按照總鏢頭所指示的路走下去。

結果，由於力量分散，甲鏢師在大路上遇到官府中人，由於自己的鏢局還沒有跟此地官府搭上關係，被盤剝掉了一大部分銀子；乙鏢師在山路遇到了盜賊，雙方沒談好，打起來，身上掛了彩，銀子也丟了；只有丙鏢師把三分之一的銀子送到了目的地。

也可能就是因爲這樣的事情總出現，所以，在後來鏢局專案團隊上路之前，無論是多少鏢銀，都會有一個鏢頭跟著。以防止小目標不遵從大目標而帶來的惡果。

八大鏢局的當家人們都有著一種很深刻的認識：雖然是武夫，但目標總要有。八大鏢局的目標就是：讓「鏢」一路平安，爲了這「平安」二字，不惜一切代價。

山外有山人外有人——時時精進你的技藝

八大鏢局的所有當家人都認爲，學習是提高鏢局競爭力的一個重要方面，它能有效地提高專案團隊的素質，從而獲得承受更大壓力的能力。唯一持久的競爭優勢，是具備比競爭對手學習得更快並不斷創新的能力。

八大鏢局在平時的休閒時間就很注重學習武藝，幾個鏢師在一起較量武藝，點到即止。其實，當家人與總鏢頭在開鏢之初就對來應徵的鏢師進行了嚴格的考核，包括對武德、武術技藝等諸多能力方面的測試。

但進入鏢局後，當面對武術好手盜賊們的增多，他們原有的武術技藝已經不足以支撐起團隊的實力，所以，繼續學習武藝就是一種突破，一種創新。

鏢局是靠武藝吃飯的，沒有眞功夫，就別想吃鏢行這碗飯。「眼觀六路，耳聽八方」這是最基本的技藝。如果沒有快捷的身手，出去走鏢和送死沒有什麼區

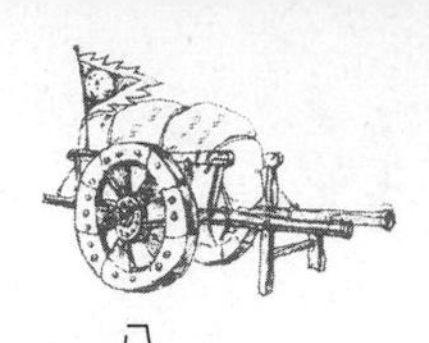

別。也正是因爲如此，八大鏢局的鏢師都是實打實的練家，有一身硬功夫。鏢師絕不能像打場賣藝的人一樣「光說不練」。遇到盜賊，只說不練，只能是被人當靶子練；也不能像有些官兵一樣「開仗就溜」，遇到盜賊，自己先跑了，下次誰還找你保鏢？可見，要想當一名好鏢師，比習武賣藝、當兵吃糧困難得多。必須要精通水戰、步戰、車戰、馬戰的功夫不可。

以會友鏢局來說，由京東通州的張家灣登船，放棹南下，到臨清、永濟、淮安、揚州、鎭江、南京以及蘇州、杭州、湖州、紹興等地，都有他的大宗業務。所以，會友鏢局的鏢師大部分都習水（會游泳），會使舟船。即使連「行船使帆、過閘升船」的船家事，鏢師也通曉一二，否則上了賊船還蒙在鼓裡。

學者方彪說，「鏢師一旦和水賊交上了手，交戰地點不外是船艙之內和兩船之間。地域異常狹小，長兵器絕對耍不開，所以雙方都是使用短兵器或超短兵器，尤其是在艙內交上了手，更沒有迴旋餘地，往往鬥不了幾招，生死已定。所使的套路又只能是直刺，故『閃功』特別重要，不管什麼兵器刺來，都能讓利刃在離身寸間之距閃過。如在艙頂上或兩船之間交了手，『輕功』和『梅花樁』功夫絕不可少，因爲船頂都是木結構組成，若沒有『輕功』，雙足會陷入艙中，而且可供立足之點不多，不會梅花樁功，非失足落水不可，鏢師們雖習水，但水性和水賊相比，往往是遜色三分，一旦落水就要吃虧。」

這可以算是鏢師的揚長避短之道吧。

使用短兵器交戰的還有步戰。步戰發生的地點大多在鏢車的夜宿之地，有要錢不要命的亡命賊，在鏢車住店之後進行夜襲。凡是夜襲，都是賊人早就瞟上了，但路途上一直找不到下手的機會，只好冒風險，豁出去了。因爲鏢師有人不離車的「路規」，絕不會出門迎敵接戰，打勝了也不會進行追擊，所以，兩方交戰地點大多在客店院內進行，由於交戰之地在院內，甚至室內，短兵器就發揮效用了。

由於運河中斷之後，南道上的商旅、貨運，都集中到東西兩條陸路上來了，南道陸路均處於平原之地，無需使用騾馱，一馬平川之地正好走大車。鏢師們走鏢時，如車上所裝的是珍貴的貨物，在行進途中不但有人騎馬在車旁護衛，還有人坐在車上「押車」。「押車」者的任務是人不離車，人在車在。所以，這行規就決定了一旦與賊相遇，就必須要進行車戰。

車把式策馬狂奔時，鏢車異常顛簸，鏢師要有「站功」，能在顛簸的車上保持自己的平衡，不但不被顛下來，還要與賊人進行戰鬥。

鏢師進行車戰時的武器是丈八長矛和單刀，一手持矛，一手握刀，對賊人的戰術是遠者槍挑，近者刀砍、腳踢，所以十八路轉盤刀、三十六路絕命槍是車戰必用之術，鴛鴦腿也是不可缺少之功。

而在北道，就要熟悉馬戰。北道沿途都是荒灘、草原，大車行走不便，所以跑外買賣的商隊大多使用駱駝運輸貨物，鏢師則騎馬跟隨護衛。

走北道的鏢師，大多是神箭手，有百步穿楊、轅門射戟的真功夫，彎弓搭箭，專射賊人的馬的最敏感、最嬌嫩的部位——馬鼻子。馬一旦中箭就狂跳不止，什麼樣的騎手也休想駕馭，非翻身落馬不可。如腳不能及時離蹬，說不定會落個拖死狗的下場。

遇到不要命的賊人，鏢師們還要與他們拚馬刀，這種功夫講究能在馬上將刀十八路轉盤，讓賊人什麼也得不到就逃掉。

所有這一切功夫，任何一個鏢師都要學習，即使不能樣樣強，也要樣樣通。所以，當家人要在閒暇之餘爲這些鏢師們學習武術建立一個支援系統。

先從感情上支持。提供各種「你的武藝不錯」的氣氛。即使缺乏其他方面的支持，一個人在得到感情支持時也能努力前進。這種支持代價最小，仍會取得令人難以置信的效果。其方法很簡單：多進行肯定式的正面鼓勵就可以了。

技能培訓是讓鏢師們學習武藝達到最快成長的方法之一。所謂培訓，就是當家人將自己的成名絕學傳授給他們，中國武林史上最忌諱的就是「秘笈自珍」，如果當家人能將自己的絕學傳授給鏢師們，那麼，他們就會感受到當家人對他們的信任。由於他們的武術技藝提高，在路上的風險也就隨之降低了。

在物質上，當家人絕對不會吝嗇，該給的一分都不會少給鏢師。在兵器裝備

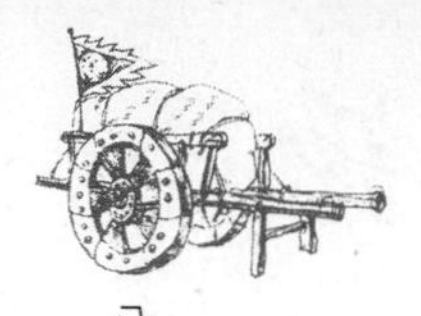

上，當家人很願意花銀子買來鏢師最擅長的兵器，無論價錢如何昂貴。

鏢局學習是提高鏢局競爭力的重要戰略之一。這是因爲，鏢局學習是在鏢局內部進行的，所以競爭對手很難發現。這種學習是以鏢局內的特定環境與特定目標爲基礎的，即使競爭者有所察覺也不易模仿。

鏢師吃的是「武」飯，很明顯，沒有武功也就不能充當鏢師。當鏢師的目的是養家糊口，習武之人入鏢局作鏢師，除了武功高超精湛外，還要在鏢局中拜師求藝，提高武功。

在本書中經常出現的民初著名鏢師李堯臣在入會友鏢局前，就已經習武，練的是外功太祖拳。進了鏢局後，拜宋彩臣爲師繼續學習，師祖是宋邁倫，是清朝有名的拳師。和許多鏢師一樣，李堯臣雖懂太祖拳，但還得拜師提高武功，否則這碗「武」飯就吃不下來。

在原來武功的基礎上，李堯臣又練另一種拳術，叫「三皇炮拳」。後又練六合刀，再練大槍，三十六點，二十四式，十八般武藝，要樣樣都靈。其後再練水上功夫，水裡使短兵器，分雁月刺、蛾眉刺、梅花狀元筆之類。水陸武功學會了，還要學使用暗器。暗器有飛鏢、緊背花裝弩、飛蝗石等。

任何一個團隊的自身都是不完美的。想要用無止境的學習來達到完美只是一種幻想，因爲外界隨時都在變化，團隊自身的學習只能是經歷了外界的變化而做出的應對反應。但團隊在學習過程中，外界又起了變化，而這種變化只能在團隊經歷的時候才能知道自己還有什麼沒有學到。

鏢局的專案團隊雖然深諳諸多武藝，更精熟諸多作戰方式，但仍舊要繼續學習下去，因爲盜賊們一直在想辦法摧毀鏢師的戰術。有了盜賊這強硬的對手，想不進步都不行。

雖然，任何一個團隊都不可能靠學習來達到完美境界，但倘若不學習，它就很快會滅亡。所以，爲了生存，只能學習。

和當年的鏢局師傅們一樣，當今飛速發展的社會，幾乎沒有人可以在一個公司、一個行業中做一輩子。事實上，一個人從生到死，沒有一件事是穩定的。一位哲學家說，最大的穩定就是不穩定。為了避免有一天被「掃地出門」，你應該在自己心上寫下一句話：武功永遠都是學不完的。

這在鏢師那裡，就是經常學習各種各樣的武功，對今天的員工來講，就是要培養核心競爭力，所謂核心競爭力就是指你所具備的不易被其他員工所模仿的、能夠為自己或自己的組織帶來收益的優勢能力或素質。

如何打造核心競爭力呢？

一個最有效的途徑就是向書本學習。在高度競爭的社會，單一的、淺泛的知識結構必然是首先被競爭淘汰的一類。一個具備較強競爭能力的員工，正是那些學得快、學得全、學得深、學得精的人。他們不僅精一門，而且會兩門，尤其可貴的是正在學習第三門。

在多變的社會環境、企業環境和快節奏的生活環境中，適應能力也是我們突出優勢的重要組成部分。那些能快速適應變化的員工，必然比那些反應緩慢者具有更強的競爭優勢。

另外，創新能力是員工打造核心競爭力的關鍵，新思維、新觀念、新方法等等都是創新的表現。經常表現出較強創新能力的員工，無疑會把工作做得更出色，因而也更能展現出自身獨特的競爭優勢。通過有意識的培養和訓練，可以不斷提高自己的創新能力。

大部分CEO認爲，所謂關鍵員工，就是能夠不斷地爲企業發展創造價值的員工。同時，被認爲最沒有價值的員工，是曾經爲企業創造過價值的員工。由此可見，創新能力是多麼重要。

李堯臣在剛進鏢局時就把自己曾經練過什麼武功告訴了當家人，他這樣做並非是因爲想炫耀什麼，而是適當地減少資訊不對稱性，便於鏢局了解他的能力結構，更好地與鏢局的發展戰略相結合。每個企業員工也應該這樣做。

另外，主動從上司和同事那兒獲得有關自我優勢及不足的資訊回饋，以便迅速調整自己的狀態，提升自己的競爭力。並在提升自己核心競爭力的同時，與企業戰略保持一致。

路見不平一聲吼——領導者必須要有魄力

如果有人問鏢局當家人，只用一個詞來概括自己的話，那麼，這個詞應該就是「果斷力」。是的，許多鏢局的當家人在該做出決斷的時候不做，等機會失去了，什麼都已經晚了，越是文化程度高的當家人越會如此。反而是一些標準的武夫，卻能在關鍵時刻拿出魄力做出決斷來。

正如當今美國一位優秀總裁德威爾所說的：「許多有知識的人在決策時，是根據哈佛大學教他的原則辦事，即在沒有百分百事實根據之前不要行動。事實卻是，你在掌握百分之九十五的事實數據後，你還要等待取得其餘百分之五，但它需要花上半年的時間。到那時你的事實資料已過時了。因爲市場情況不斷變化，是不會停下來等你的。人生一世，一切在於掌控時期。」

這位總裁告誡同行：「你有責任儘量收集有關的事實和資料，但關鍵時刻，你必須依靠信念，當斷則斷。在大多數情況下，根本沒有十拿九穩的事。在沒有所需要的事實資料時，就得根據經驗。在某種程度上，我一向憑直覺行事，從來不是光坐在那裡沒完沒了地設計戰略的人。但現在有一批新的生意人，大多是商管碩士，他們認爲每一項商業問題都是有章可循，可以進行個案研究的。這樣，只能等待別人發話了。」

他舉例說：「在第二次世界大戰盟軍反攻開始時，艾森豪總是猶豫不決，差一點壞了事。但最後他想，『不管天氣怎樣，我們也要行動了。再等就更加危險。我們這就出發。』最後，如你所知道的，他成功了。」

德威爾所說的這個案例適用於鏢局，也適用於企業界。經營決策總是要冒一點風險的，有時候你沒辦法，只得冒險一試，發現有錯誤還可以邊做邊改。犯錯誤和有魄力是兩回事。

所謂魄力，就是指領導者工作與處事時所具有的膽識和果敢的作風。魄力人皆有之，但卻有大小之分、顯隱之分，表現形式不同，收效差別就很大，絕對沒有魄力的人是沒有的。但要使魄力得到正確而充分的發揮決非易事。

鏢局的當家人知道，如果不拿出眞正的魄力來，鏢局就很容易消失掉。比如，當他得知鏢銀在路上被搶後，他應該馬上通知名譽東家，並及時地通知雇主。可有些當家人只做到第一點，卻很少及時地做第二點。這可能是因爲他們很害怕雇主得知後對自己的鏢局失去信心，從此不來光顧。可越是如此，當雇主知道後，就會更加對此鏢局喪失信心。

一個連消息都不敢透露給自己的鏢局，還指望他們能在其他方面做到對自己坦白嗎？！

但有時候，這也的確怪不到當家人，因爲魄力除具自然的稟賦外，主要還是需要實踐的磨練。一個人在關鍵時刻的大智大勇，往往來自其平時日積月累的修練。魄力需要廣博的知識、敏銳的洞察、縝密的思維，需要洞明世事的經驗與置生死於度外的膽氣豪情。

一份「鏢」的輕重決定了當家人是否親自押送的直接因素，當家人在押送鏢的路上，就等於是整個鏢局在路上。他在路上所具有的一切魄力，是決定這趟鏢是否能成功的關鍵因素。八大鏢局的當家人很少親自押鏢，但總鏢頭常常在他的指導下押送重鏢。而這個時候，總鏢頭的魄力其實就是當家人傳染給他的。看一個鏢局總鏢頭有多大的魄力，就知道了這個鏢局的當家人的魄力有多大了。

八大鏢局當家人的魄力主要表現在以下五個方面。

（一）要跟當時的政治不抵觸，這是衡量當家人魄力的首要標準

眾所周知，鏢局是一群「俠以武犯禁」的人組成的，這些人向來都是官府與朝廷密切注意的對象。所以，任何一個當家人都不允許自己的鏢師們有對朝廷不忠的地方。另外，當家人尋找靠山，就是爲了跟官府靠近，在政治上以表示自己毫無二心。在瞬息多變的時代，要求當家人必須具有戰略的眼光和遠見卓識，而戰略眼光和遠見卓識，則來源於其思想上的敏銳性。一定有人會說，一個武夫怎麼可能有思想呢，更何況是敏銳性！

但別忘了大刀王五，這位仁兄之所以能把自己的鏢局領進八大鏢局行列，就

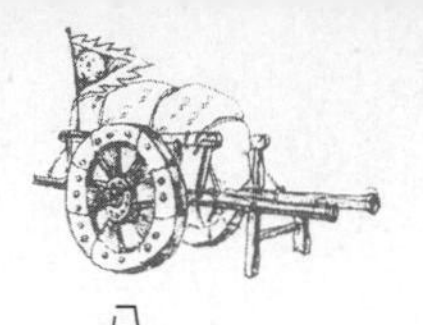

是因爲他幫助六君子進行當時中國的震動性的改革。

當家人親自押鏢的時候，其指揮便成了他的重要職能，當家人在實施組織指揮中，冷靜沉著，幹練果斷，這是有魄力的表現。

當家人要魄力做什麼呢？總不至於在鏢師們吃飯的時候，大聲吼「吃飯」，來顯示自己的魄力吧？當然不是。當家人必須要有魄力的主要原因就是他的決策要有魄力，這種決策能力自然不是與生俱來的，而是後天培養出來的。企業家也要和當家人一樣，培養這些能力。

（二）警覺性決策能力的培養

企業家的顯著特點之一就是企業家警覺。企業家警覺是指企業家能發現其他人不能發現的造成各種可能性的行爲傾向。這種警覺包括：對已變化了的條件或環境的警覺，對他人忽略的可能性的警覺，對即將來臨的機遇的警覺，對未來走勢的警覺，對有用資訊的警覺，對不利因素的警覺等。警覺性決策能力是企業家依靠警覺，制定有利於企業發展戰略或避開陷阱的決策能力。

當家人對當時富人與官府中大官解甲歸田的事情要做到瞭若指掌，因爲這些人才是自己的衣食父母，對即將到來的機遇要把握住，經常多到官府和富人宅第走動。

（三）體制性決策能力的培養

這一能力是指企業家依靠體制制定決策、透過體制放大決策效果的能力。體制性決策能力包括：建立決策機制的能力，即能否建立起一個高效運作的決策機制；運用決策體制的制約能力，即決策機制能否爲自己自由駕馭；完善決策體制的能力，即能否不斷發現決策體制中存在的問題並加以改進。

天下沒有一種體制是可以永遠存在的，特別是決策體制，隨時都可以變換。當家人所能做的就是以「不論如何，鏢銀爲上」這種信念作爲決策的依據。

（四）判斷性決策能力的培養

這種能力是指企業家在對企業經營進行決策時把握時機的能力，一個好的決策必須有好的實施時機，好的實施步驟，才能取得好的效果。企業家對時機的判斷能力、實施步驟的掌控能力，直接影響到決策的實施效果。

當家人的決策大部分都是在路上實施的，對形勢的掌控與指揮要做到萬無一失。

唯有如此，才能顯示出當家人的魄力來。在這方面，當家人只需要記住，手下的鏢師都是武林高手，你本身也是，就可以了。只要你敢於決策，敢於衝殺，下面的人沒有不這樣做的。因爲在鏢局行業，任何一個鏢師都是把當家人與總鏢頭看作是「英雄」、「救星」的。

實際上，領導者不只是意味著地位和權力，更意味著一種「創造性的張力」。眞正有效的領導者是設計師、開拓者，帶領團隊塑造更美好的未來。優秀的領導者和鏢局的當家人一樣，是一個學習者和服務者。

無論現在的企業理論認爲這種把領導者看作是英雄的觀念有多麼錯誤，但在鏢局中，當家人就是以英雄面目出現的。當這種面目漸漸地深入到鏢師心裡的時候，眞正的當家人是不會勸阻這種盲目崇拜的。反而，他會利用這種崇拜，從而讓自己的決策快速而順利地進行。因爲有時候，崇拜所帶給被崇拜者的利益是無法估量的。

在鏢局成長的過程中，當家人的作用是非常重要的。可以說，沒有當家人的魄力，就根本沒有鏢局，甚至，他根本就不能創建鏢局。

（五）當家人的魄力還表現在另一方面就是獨裁

或許，一談到獨裁，就會讓人想到落後的愚昧的政治家。說這些人是獨裁者的確是很正確的論斷。因爲他們的獨裁在許多人看來就像是一個人說了算。但鏢局當家人的獨裁卻不是這樣的，他們都是一些開明的獨裁者。

所謂開明，就是指在某些大場合決定事情的時候給人的感覺是民主的、是透明的。讓許多人都參與進來發言，讓許多人都感覺到自己正在受到重視，而最後的拍板還是他一人的事情。八大鏢局的當家人都有這樣的一種論調：一個鏢局雖然有大有小，但無論是大的鏢局還是小的，如果沒有統一的意志，沒有統一的行動絕對是生存不下去的。最好的辦法就是民主集中，所謂民主不過是一個手段，

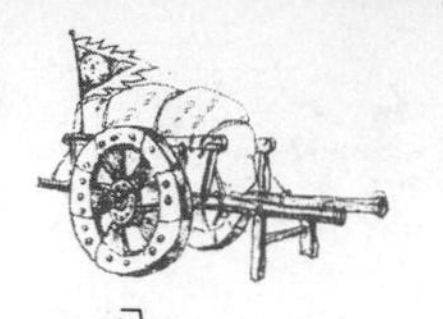

而不是目的，集中比民主更重要。在決定一件事情前要先發揚民主，多聽聽下屬們的意見，這樣，就能夠把自己想要的做法完善起來，但是一旦做的話下屬必須要盡心盡職。

退隱江湖後——鏢局的歸來

據李堯臣回憶，「民國十年（一九二一年）八大鏢局的最後一個——會友鏢局結束了。鏢局子裡的師兄弟、師叔、師大爺，年紀大的都回家養老去了；年輕的就由各銀行、商號、住宅分別雇用，替他們看家護院。」

我們很有必要介紹一下李堯臣，因爲這位鏢師見證了中國鏢行的鼎盛與衰落的不同時期。在他的敘述中，我們能看到當一個行業凋敝的時候，行內人並不是也隨著凋敝，有的反而在別的行業做出了更大成就來。

李堯臣是河北冀縣人，祖輩皆是習武出身。後家境中落，於一八九四年入會友鏢局。李堯臣入會友那個時候正是鏢行處於全盛時期。拿會友來講，它在南京、上海、天津、西安、張家口多設有分號。會友總號的南櫃就設在冀縣的絹子鎭，李堯臣家住在鎭外的李家莊。李氏與會友鏢局淵源深，由於李家世代習武，

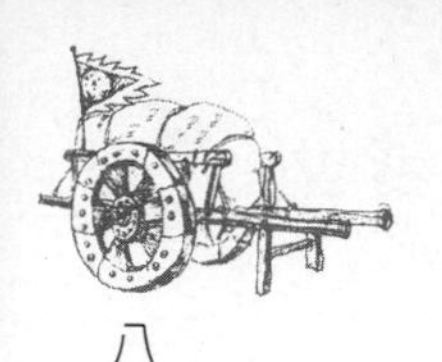

李堯臣自幼便練就太祖拳。入會友鏢局後拜宋彩臣爲師，而宋的師父是清中葉的武林高手宋邁倫。宋彩臣也是京城鏢行中赫赫有名的人物。當李堯臣學會了三皇炮拳後，京城鏢行內就稱他們師徒爲「二臣」。

鏢局解散後，李堯臣二十八年的保鏢生涯爲他積累了經驗，還使他交上了諸多朋友。一九二二年，李在外五區警署所辦的警校教武術，後在天橋水心亭開辦室外茶館。當時天橋一帶的自然環境遠比二十世紀四〇年代好得多，李的茶館是季節性茶館。日收入可達二十塊現大洋。在二三十年代，這可是一筆不小的收入。李堯臣在天橋開設茶館十二年，居然沒有一個人來搗亂，可見即使鏢師不做鏢師了，其影響力依然存在。

一九三一年，李堯臣受邀出任二九軍武術總教官，他一上任，就結合二九軍將士所使用的大刀本身特點，結合中國傳統的六合刀法，創編了一套二九軍獨有的「無極刀」刀法。這種刀法強化了一種理念：刀本是刀，可劈；刀亦爲劍，可刺。

經過一段時間的摸索後，李堯臣認爲應該在二九軍中抽調骨幹，專門組成大刀隊，由其直接傳授「無極刀」刀法，再由他們傳給全軍官兵。這種想法得到了佟麟閣的極大肯定，最終實施。數月後，大刀隊就開始將練熟的「無極刀」刀法傳給全體官兵。

據一份材料講，二九軍使用的「無極刀」是經過精心設計的：它的長短與寶劍相仿，長約一公尺；刀面不像傳統的砍刀那麼寬，而是比刀柄略寬；傳統的刀是一面開刃，無極刀刀頭卻是兩面開刃，接近刀把的地方才是一面開刃；爲了方便士兵使用時容易用力，無極刀的刀把長八寸至一尺，可以兩隻手同時握刀，砍向對方。

「無極刀」刀法在於：出刀時刀身下垂刀口朝自己，一刀撩起來，刀背磕開步槍，同時刀鋒向前畫弧，正好砍對手脖子。因爲劈、砍是一個動作，對手來不及回防就中招了。

二九軍大刀隊讓日軍頭痛不已，爲防「無極刀」，日軍給每個士兵裝備了一個鐵圍脖。在豐台戰役中，中國軍隊驚奇地發現，所有的日軍全部戴上了鐵圍

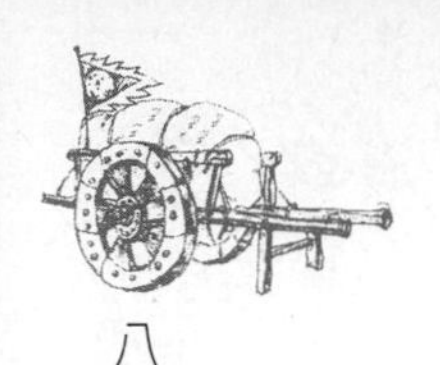

脖。不過，厚重的鐵圍脖大大削弱了日軍的戰鬥靈活性，使他們傷亡更加慘重。

在喜峰口戰役中，二九軍大刀隊多次衝鋒陷陣，夜襲敵營，砍殺數百名日本兵，李堯臣和他的「無極刀」刀法隨即名震四方。

李堯臣算是八大鏢局所有鏢師中較幸運的一個了，有許多鏢師在離開鏢局後做了苦力。從一個英雄變成了一個苦力，這種轉變是他們從來沒有想過的。但是，爲了生存，也只能如此。所謂英雄末路的悲哀也正是這樣的吧。

也有些鏢師仗著曾爲商號充當警衛的關係，在鏢局解體後，又全職地當上了這些商號的警衛。北京前門南有一個著名的商業區——大柵欄，北京人叫它「大沙拉」。它的範圍實際包括大柵欄、珠寶市、琉璃廠在內的整個前門南片的商業區。而這一帶就成了許多「失業」鏢師的活動地。

還有一些鏢師在鏢行衰落後，便轉入了戲曲界，尤其以轉入京劇班子爲多。其中出類拔萃的，便成爲名伶。他們對京劇表演藝術的發展，作出了重要的貢獻。

京劇的一代宗師譚鑫培，自幼習武生。二十歲左右因爲在北京不得志，便去河北豐潤縣一家姓史的家裡當保鏢。在爲人家看家護院的過程中，研究出不少武術套路。他後來表演武戲，就使用了這些套數。如《賣馬當鐧》中的秦瓊耍鐧，《翠屏山》中的石秀耍六合刀，都被內行稱讚爲眞實功夫。

著名的武花臉劉愧官，也是鏢行出身。他把秦腔《通天犀》改成京劇，加進了許多鏢行把勢。如演《酒樓》一場時，在桌子上把腳尖對著面部往上扳「朝天蹬」，就與一般的扳法不一樣，而是把鏢行的練功方式搬到了舞臺上，被行內譽爲絕技。

著名鏢師劉四的弟子，被稱爲「燕北眞豪傑，江南活武松」的蓋叫天就把鏢行把勢融進了京劇武打藝術裡，創造了許多新鮮的武打套路和刀槍把子。

鏢師們的歸宿和武林人士的歸宿大致相同，鏢師不僅僅是靠自身技能吃飯的人，還要靠天時、地利、人和。在原始冷兵器時代，一拳一腳都能讓他們顯示出威力來，而當熱兵器時代來臨的時候，他們自身技能的施展被打破了。天，變了，不再是武人的天下；地，也變了，不再那麼崎嶇難走；人更是變了，傳統的道義一下子被擊碎，眼看著狡詐與失信在一些人的心裡狼奔豕突。

你不可否認，每一位鏢師在未成為鏢師之前就是一個英雄。鏢局，只不過是將許多英雄的個人變成了一個英雄的團隊而已。

「走鏢者，英雄也。白龍馬，梨花槍，走遍天下是家鄉。」

他們不是梁山強盜，是非不分、無惡不作，殺人如草芥。他們是一群英雄兒女，被當家人的影響力召集到一起，做一些「急人所急」的俠義之事而已。

他們分開，都是好漢；他們合在一起，就是一支驍勇團隊。他們的武德與他們的武術技藝並駕齊驅，而他們卻很少向社會索取，他們只是在高風險的境地下無私地奉獻著。

血染古道、鏢旗不倒，縱橫中原、所向披靡。連接著五湖四海的好男兒，秉承著「一諾千金」的保鏢宗旨。每個人都是一面鏢旗，迎風飄展，每個人都是一位英雄，青史有載，人間有傳。

所謂英雄，就是犧牲自己成全別人的人，他們成全了雇主的希望，從未辜負過雇主的重託。他們用自己的鮮血成全了雇主的寄託。讓我們記住這曾經傳遍大江南北的十大鏢師：「鏢不喊滄」創規者李冠銘、雙刀鏢師李鳳崗、形意宗師車永宏、華北形意大師戴二閭、華北面王王正清、鐵腿左二把和大刀王五王子斌、單刀鏢師李存義、散打冠軍趙光第、技精藝全的李堯臣。

鏢局，一個驍勇的團隊，一個由許多英雄個人組成的英雄的團隊。它有自己的行規，也有自己的是非之鑒。但當他們消失在歷史舞臺上的時候，他們的缺點就暴露出來了。

鏢局不是不想變革，任何一個團隊都想要永恆於世間，但武器的不斷更新，讓鏢師們的無影腳、八卦棍、九陰白骨爪等等高超搏擊技能失去了作用。隨著經濟的發展與思想的進步，封建階級滅亡，鏢局沒有了生意源，解散也就成了順其自然的事了。

一九九七年，廣州市穗保安全押運公司成立，他們推出了武裝押運業務，可

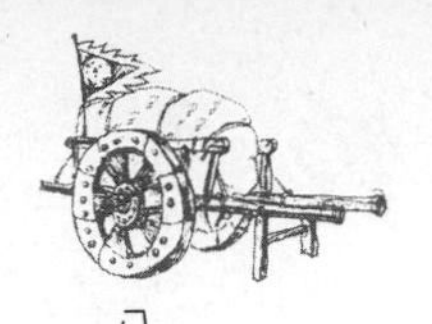

爲企事業單位或個人提供二十萬元以上武裝押款服務，或者提供武裝押運重要文物、藝術品、有價證券、金銀珠寶、槍支等服務。

在押運上，他們分出三種形式：

第一：客戶既可以要求從指定地點押運到銀行分行存款；

第二：客戶可以從指定銀行取款後押運到指定地點；

第三：客戶可以從指定地點押運到另一指定地點。

他們打出的廣告是：如果你身攜鉅款不敢出門或者擔心貴重珠寶被劫，那麼，請找我們。我們用本性裡的豪邁和義氣團結在一起的團隊爲你保駕護航。

他們類似以前的鏢局，以一種驍勇團隊的氣勢歸來！

後記

《武林舊事》中，一位鏢局的當家人跟一位來拜訪他的強盜說：「我們需要朋友，但我們更需要對手。」

這位當家人的話似乎和正文內容一點關係都沒有，但我卻從鏢局的那段歷史中得出了這樣一個訊息：沒有朋友很糟糕，但沒有對手更糟糕。

鏢局這個充滿了傳奇的行當經歷了兩百多年的歷史，在沉寂了幾十年後又重新興起。其值得借鑒與感悟之處自然有很多，其管理理念仍值得今天的許多企業學習。但這並不是我要在此談的。

我要說的是，任何一個團隊或者說一個人想要成長，想要出類拔萃，就必須要找個出類拔萃的對手。只有激發你戰勝他的念頭，才能讓你激發出潛力，使你成長。

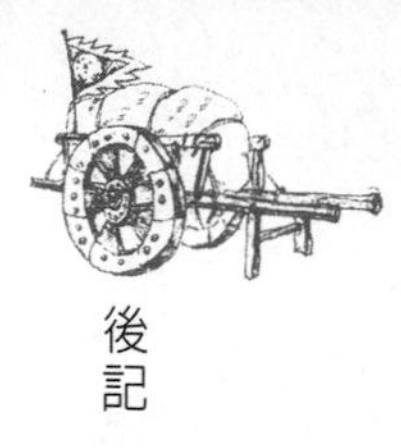

倘若沒有那麼多兇猛的野獸，我們就不可能成爲最好的獵人。我們需要朋友，是因爲朋友可以從感情上帶來最好的鼓勵；我們需要對手，是因爲對手可以從理智上帶來最深的刺激。善用對手的刺激，可以學到最重要的工作方法。想讓自己變聰明，就是要找一個聰明的對手。

那麼，爲什麼朋友不能讓你變得聰明呢？朋友是「同甘共苦」的人，不容易看出眞正的弱點。就算有時候朋友看到你一些弱點，都會因爲珍惜和你的友誼而不會將你的缺點說出來。但對手卻不同，它不是要和你正面衝突，就是要從背後殺你個措手不及。所以，從他們的攻擊中，你就可以體會他們最強的是什麼，而你最弱的又是什麼。

比如獵人的朋友和狼，眞正可以讓獵人變聰明的是狼而不是他的朋友。一位哲人說：「有一個相互比較競爭的對手，往往可以帶來長久的成長。」

越是厲害的對手，你所要從他那裡學的東西就越多。狼要吃掉你，一定會使出渾身解數。所以，如果你有個很強的對手，你應該從心底裡歡喜。你要每天都仔細盯緊這個對手，好好欣賞他，並跟他學習。而最好的學習，永遠來自你被他擊中的那一刻。最重要的是千萬不要因爲痛苦、緊張、憤怒而亂了手腳。你要懂得在痛苦中品味另一種快感。往往，傷得越重，你體會越深刻，越可能重新鍛煉自己，改造自己。這就是獵人爲什麼總是喜歡獵殺狼的緣故。

動物界中食肉的動物很多，但「兇殘狡詐」這四個字卻只有狼最有資格擁有。狼在獵食的過程中對於對手絕不會心慈手軟，牠們的牙齒總是對準獵人的咽喉，隨時準備置獵人於死地。

牠們可以在很長時間內忍受饑餓，從而讓自己成爲餓狼，更加兇殘。狼不會仁慈，對它們來講，仁慈就意味著死亡。所以一旦有機會牠們絕不會放過，一定要飽餐，而後迎接下一次長時間的饑荒。狼是任何人在征服自然的過程中遇到的一位不可同化的陌路人，無論你開出的條件是多麼具有誘惑力，牠絕不會被馴化。「你送的肉我吃了，可我絕不領你的情」。所以牠們是兇殘的，是生命延續中自然賦予牠們必不可少的武器；而牠們又是狡詐的，確切地說，應該是聰慧

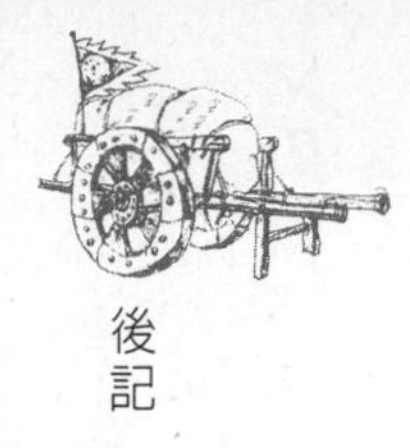

的。見到《聊齋志異》裡狼的狡詐，我們都會心中發涼，牠們竟然會使用「前狼假寐」的計策。當我們讀到這裡時都會佩服狼的狡詐。

一位動物學家對生活在非洲奧蘭沿河兩岸的動物考察中，發現了一個十分奇怪的現象：生活在河東岸的羚羊繁殖力和奔跑力比西岸的要強出許多倍。經過長時間的觀察，他終於揭開了這個謎底：原來，東岸的羚羊之所以強健，是因爲附近生活著一個狼群。這些羊群天天生活在一種「危險氛圍」中，羚羊爲了生存，反而越活越有「戰鬥力」。有了對手才會有競爭、有發展，對手往往帶給我們的是意想不到的收穫。對於一個獵人來說，沒有競爭就沒有發展。不要害怕對手，要眞心歡迎對手，而且，要盡可能地尋找到最聰明的對手。

在傳說中，古印度有位王子驍勇善戰，屢建奇功。某次征戰之後，率兵得勝回朝。在盛大的慶功宴上，王子謙遜地舉起金杯，向前輩、大臣、在座的將士以及黎民百姓一一表示感謝，這使得大家深深感動。此時，旁邊坐著的老國王提醒道：「我的孩子，有一個最重要的人，你還沒向他致謝呢。」那王子怔了半晌，卻不知道這位最重要的人是誰，他只好向父王請教。老人微微一笑，神色嚴肅地，一字一句地說：「你的敵人！孩子，應該感謝敵人的兇暴，令你晝夜習武，練成一身好功夫。正是由於敵人的狡詐，使你保持了警覺之心。還要向敵人的麻痺致意，使你偷襲成功，取得了這次勝利。」

也許，這位王子感覺到了，倘若沒有對手，他不可能建下些許功勞。而在無數次的戰爭中，他在不同的對手那裡學到了戰爭這場遊戲的精華。他能成爲最後的獵人，的確要感謝那些對手。

有人遇到對手，從對手那裡尋找自己的智慧，而有人卻是尋找對手，在對手的屢屢攻擊下，創造自己的智慧。

無疑，任何一個敵人都是世上最聰明的對手。他能輕而易舉地找出你的弱點，並加以攻擊。

在許多時候，敵人顯得比朋友更眞誠，當他打敗你，絕對不會留什麼情面。他嘲笑你時，那份冷酷讓你刻骨銘心。

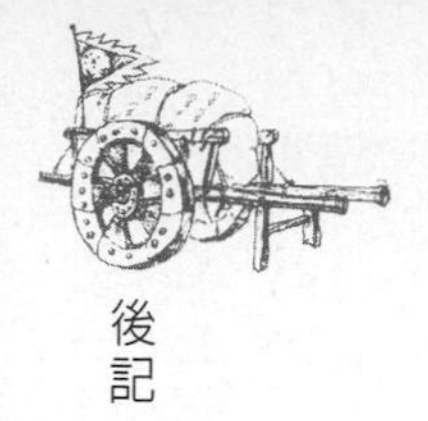

想要變聰明，獵人會尋找狼；我們會尋找什麼？也許，和獵人相比，我們還欠缺得很多。我們許多人不喜歡有對手，總喜歡一帆風順地活著。但是，看看這個世界上，有幾個人是沒有對手而活著呢？或許有，但他們永遠都屬於被獵殺的那一群。

在獵與被獵的遊戲裡，要麼你去找對手來讓自己變聰明，要麼你被別人當成對手，把你變成受害者，讓你永遠被他剝削。怎樣選擇，關鍵還是看你自己。人的聰明不是閉門造車，而是在與各種各樣的人與事接觸後爆發出來的。眞正能讓你智慧提升的恐怕只有你的對手，因爲他是天下最公正的人，你贏了，他會自動退出你的獵殺範圍；你輸了，你就永遠被他獵殺。

以上可看作是鏢局沉寂那麼多年的原因，也可看作是這個時代給每個企業或是每個人敲的警鐘。

鏢局 現代企業的江湖式生存

作　者	何明敏
發行人	林敬彬
主　編	楊安瑜
統籌編輯	蔡穎如
責任編輯	汪　仁
內頁編排	翔美堂設計
封面設計	翔美堂設計
出　版	大都會文化　行政院新聞局北市業字第89號
發　行	大都會文化事業有限公司
	110台北市信義區基隆路一段432號4樓之9
	讀者服務專線：（02）27235216
	讀者服務傳真：（02）27235220
	電子郵件信箱：metro@ms21.hinet.net
	網　　址：www.metrobook.com.tw
郵政劃撥	14050529　大都會文化事業有限公司
出版日期	2008年1月初版一刷
定　價	220元
ISBN	978-986-6846-25-0
書　號	Success-028

Metropolitan Culture Enterprise Co., Ltd.
4F-9, Double Hero Bldg., 432, Keelung Rd., Sec. 1,
Taipei 110, Taiwan
Tel:+886-2-2723-5216　Fax:+886-2-2723-5220
E-mail:metro@ms21.hinet.net
Web-site:www.metrobook.com.tw

國家圖書館出版品預行編目資料

鏢局 ： 現代企業的江湖式生存 / 何明敏 著 .
— 初版. — 臺北市 ： 大都會文化, 2008. 01
面 ；　公分. —（ Success ; 28 ）
ISBN 978-986-6846-25-0（平裝）
1. 企業經營

494.1　　　　96022652

現代企業的江湖式生存

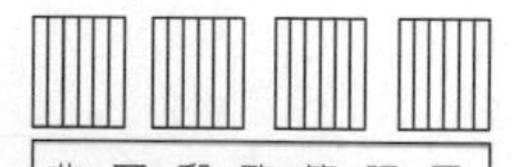

北區郵政管理局
登記證北台字第9125號
免貼郵票

大都會文化事業有限公司
讀者服務部收

110 台北市基隆路一段432號4樓之9

寄回這張服務卡(免貼郵票)
您可以：
◎不定期收到最新出版訊息
◎參加各項回饋優惠活動

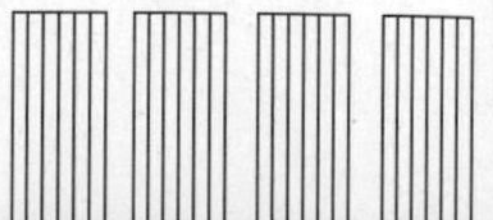

大都會文化 讀者服務卡

書名：鏢局—現代企業的江湖式生存

謝謝您選擇了這本書！期待您的支持與建議，讓我們能有更多聯繫與互動的機會。日後您將可不定期收到本公司的新書資訊及特惠活動訊息。

A.您在何時購得本書：_____年_____月_____日

B.您在何處購得本書：__________書店，位於__________(市、縣)

C.您從哪裡得知本書的消息：1.□書店 2.□報章雜誌 3.□電台活動 4.□網路資訊 5.□書籤宣傳品等 6.□親友介紹 7.□書評 8.□其他__________

D.您購買本書的動機：（可複選）1.□對主題或內容感興趣 2.□工作需要 3.□生活需要 4.□自我進修 5.□內容為流行熱門話題 6.□其他__________

E.您最喜歡本書的（可複選）： 1.□內容題材 2.□字體大小 3.□翻譯文筆 4.□ 封面 5.□編排方式 6.□其他

F.您認為本書的封面：1.□非常出色 2.□普通 3.□毫不起眼 4.□其他__________

G.您認為本書的編排：1.□非常出色 2.□普通 3.□毫不起眼 4.□其他__________

H.您通常以哪些方式購書：(可複選)1.□逛書店 2.□書展 3.□劃撥郵購 4.□團體訂購 5.□網路購書 6.□其他__________

I.您希望我們出版哪類書籍：（可複選）

1.□旅遊 2.□流行文化 3.□生活休閒 4.□美容保養 5.□散文小品 6.□科學新知 7.□藝術音樂 8.□致富理財 9.□工商企管 10.□科幻推理 11.□史哲類 12.□勵志傳記 13.□電影小說 14.□語言學習（ 語） 15.□幽默諧趣 16.□其他__________

J.您對本書(系)的建議：__________

____

K.您對本出版社的建議：__________

____

讀者小檔案

姓名：__________ 性別：□男 □女 生日：_____年_____月_____日

年齡：□20歲以下□21～30歲□31～40歲□41～50歲□51歲以上

職業：1.□學生 2.□軍公教 3.□大眾傳播 4.□ 服務業 5.□金融業 6.□製造業 7.□資訊業 8.□自由業 9.□家管 10.□退休 11.□其他 __________

學歷：□ 國小或以下 □ 國中 □ 高中／高職 □ 大學／大專 □ 研究所以上

通訊地址 __________

電話：（H）__________ （O）__________傳真：__________

行動電話：__________ E-Mail：__________

❖謝謝您購買本書，也歡迎您加入我們的會員，請上大都會網站www.metrobook.com.tw 登錄您的資料。您將不定期收到最新圖書優惠資訊和電子報。

大都會文化
METROPOLITAN CULTURE

大都會文化
METROPOLITAN CULTURE

大都會文化
METROPOLITAN CULTURE

大都會文化
METROPOLITAN CULTURE